伊藤静香 著

Microsoft、Windows、Windows 7、Internet Explorer は Microsoft Corporation の米国および各国における商標または登録商標です。
Apple、Macintosh、Power Mac、Mac、Mac OS、Mac OS X、QuickTime は Apple Computer, Inc. の米国および各国における商標または登録商標です。
登録商標「3 日でマスター」(第 5330381 号)は、ソシム株式会社が本商品に使用する許諾を得ています。
その他、本書に掲載されているすべてのブランド名と製品名、商標または登録商標は、それぞれ帰属者の所有物です。
本書中に ®、©、™ は明記していません。

■ 本書はソシム株式会社が出版したもので、本書に関する権利、責任はソシム株式会社が保有します。
■ 本書のいかなる部分についても、ソシム株式会社との書面による事前の同意なしに、電気、機械、複写、録音、その他のいかなる形式や手段によっても、複製、および検索システムへの保存や転送は禁止されています。
■ 本書の内容は参照用としてのみ使用されるべきものであり、予告なしに変更されることがあります。また、ソシム株式会社がその内容を保証するものではありません。本書の内容に誤りや不正確な記述がある場合も、ソシム株式会社はその一切の責任を負いません。
■ 本書に記載されている内容の運用によって、いかなる損害が生じても、ソシム株式会社および著者は責任を負いかねますので、あらかじめご了承ください。

まえがき

この本が対象としている読者

この本は、おもに次のような読者を対象にしています。

- PHP の基本を学びたいプログラミング初心者
- 入力フォームと PHP を使って「問い合わせページ」を作ってみたい人
- PHP を見よう見まねで触ってきたけれど、ちゃんと勉強したことはない人

もちろん、他のプログラミング言語でプログラミングをしたことはあるけれど、
PHP は初めて、という方もいらっしゃるかと思います。
そういう人には、ちょっと基本的で簡単すぎるかもしれませんが、
もちろん大歓迎です。
(念のため、ちょっと立ち読みしていただいて、
簡単すぎるようなら、そっと本棚にお戻しください。)

「3 日でマスター」のコンセプト

「継続は力なり」と言いますが、
毎日コツコツと続けることは、けっこうハードルの高い行為です。
何度となく「3 日坊主」になってしまった経験を持つ人は多いのではないでしょうか。

ただ、「3 日坊主」をポジティブに考えれば、
どんなに飽きっぽくて、根気のない人でも、
「最低 3 日なら続けられる」とも言えます。

だったら、その 3 日のうちに、
必要最低限のことをマスターしてしまいましょう。

この本では、PHP の基本的な文法と使い方を
3 日間でマスターし、
次のようなことができるところまでを目指します。

- ゼロからごくごく簡単な PHP プログラムを作れる
- 既存の PHP プログラムを見て、何が書いてあるか、だいたいわかる
- HTML と PHP を使って入力フォームが作れる

PHPとは？

PHPは現在、多くのWebサイト、Webページで使われている
プログラミング言語です。
超有名なところだと、無料ブログシステムのWordPressや、
ウィキペディアを支えるシステムMediaWikiでもPHPが使われています。

少し前までは、PHPのプログラミングは、
もっぱらプログラマの仕事でした。
しかし今日では、プログラマだけでなく、
WebデザイナーやWeb担当者も
PHPや入力フォームの基礎知識ぐらいは知っておかなくては仕事にならない、
という状況になってきています。

あらかじめHTMLの知識が必要

PHPは、おもに動的にHTML（Webページ）を生成するために使われます。
ですので、PHPでプログラムを作成するには、
HTMLの知識が必要となります。

本書では、HTMLについてはすでに基本的な知識があるという前提で、
PHPに絞って説明を進めていきます。
HTMLがわからないという方は、
あらかじめ『3日でマスターHTML5 & CSS3』（ソシム刊）など
HTMLを解説している本で、
基本をマスターしてから読み始めてください。

注意

この本で取り上げるサンプルは、
文法を理解してもらうためと割り切って、
できるだけ余計な要素をそぎ落とした、ごく短いサンプルにしてあります。
ですので、すぐに Web サイトで使えるような
実用的で、見栄えのするサンプルが欲しいという人には、
不向きな本となっています。

また、プログラミング未経験者にもわかりやすいように、
初心者の段階ではあまり知る必要のない細かい説明は省き、
言葉の定義については、できるだけ専門用語を使わないようにしています。
くどいところがあったり、厳密さを欠くところがあったりするかもしれませんが、
そうした点は、この本のあとで、別の詳しい本でしっかり学習してください。

学習時間のめやす

3 日でマスターするとはいっても、
1 日 10 時間も 15 時間も勉強する必要はありません。
この本では、以下のような想定で、分量の上限を設けました。

- 学習時間：1 日あたり 3 時間程度
- ページ数：1 日あたり 80 ページ以内

1 ページを平均 2 分の速度で読めれば、
1 時間で 30 ページ、3 時間で 90 ページ読める計算になります。
1 日 3 時間を 3 日間続けることで、
PHP プログラミングに必要と思われる基本的な知識を
効率よくマスターできるように、構成してあります。

はじめて PHP を学ぶ方はもちろん、
これまでに始めたことがあるけれど途中で挫折してしまった人も、
ぜひ気軽に始めてみてください。
みなさんの出発（または再出発）のお役に立てれば幸いです。

伊藤 静香

●動作確認用サンプルプログラムをダウンロードする

この本で作るサンプルプログラムは、以下のURLからダウンロードできます（完成形のみ。作成途中のものは含まず）。スクリプトをいちいち自分で入力しなくても、ブラウザで開けばすぐに実際の動作が確認できますし、自分で入力したファイルが思いどおりに表示されないときに、比較して確かめることもできます。

〈サンプルプログラムのダウンロード〉
http://www.socym.co.jp/book/966/
※読者サポートの「ダウンロード」よりダウンロードしてください。

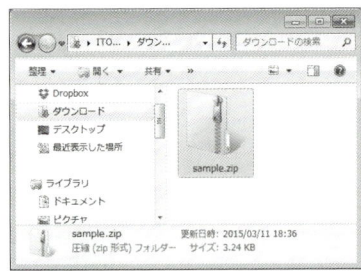

ダウンロードされたサンプルプログラム

ダウンロードしたファイルは、通常「ダウンロード」フォルダの中にダウンロードされています。sample.zipを解凍してできるsampleフォルダは、p.23で説明する専用フォルダ（C:¥xampp¥htdocs¥3days）にフォルダごと移動してお使いください。サンプルファイルを開くためのURLは、http://localhost/3days/sample/ です。

動作環境

この本で示している操作手順や、ブラウザでの表示例には、以下の環境を使用しています。

・Windows 7
・Google Chrome バージョン 41

Windows XP や Windows Vista、Windows 8 といった他の Windows OS や、Mac OS X、また Google Chrome 以外のブラウザでは、操作手順や画面表示に多少違いがある場合があります。あらかじめご了承ください。

CONTENTS

Day0

Lesson 1 準備をしよう ……………………………………… 13
1 無料のテキストエディタを手に入れよう　14
2 無料のサーバを手に入れよう　16
3 サーバの役割と種類を知っておこう　21
4 プログラムを保存するための専用フォルダを作ろう　23
5 拡張子が表示されるように設定しよう　26

Day1

Lesson 1 簡単なプログラムを作成してみる ………………… 29
1 1行だけのプログラムを作ってみよう　30
2 保存したプログラムを実行してみよう　33
3 関数とは何か？　35
4 date関数の引数を変えるとどうなる？　36
5 保存したプログラムを書き換えてみよう　38
6 PHPをHTMLの中に書いてみよう　41

Lesson 2 PHPの文法①──基本ルールを覚えよう ……… 45
1 プログラムの基本構造を知っておこう　46
2 PHPプログラムの書き方のルールを覚えよう　49
3 コメントの書き方を覚えよう　51
4 データの種類について　52

Lesson 3　PHPの文法②──変数のしくみと使い方 ……… 55

 1 変数のしくみ 56
 2 変数の使い方──代入と利用 58
 3 変数の型を調べるにはvar_dump関数を使おう 62

Lesson 4　PHPの文法③──配列のしくみと使い方 ……… 65

 1 配列のしくみ 66
 2 配列の作り方 68
 3 配列の使い方──代入と利用 71
 4 2次元配列の作り方、使い方 72

Lesson 5　PHPの文法④──条件文 ……………………… 75

 1 if文 76
 2 if～else文 78
 3 if～elseif～else文 80
 4 switch文 82
 5 条件式の書き方 84
 6 代数演算子 86

Lesson 6　PHPの文法⑤──繰り返し文 ………………… 87

 1 while文 88
 2 for文 93
 3 do～while文 96
 4 インクリメント演算子とデクリメント演算子 99

Day2

Lesson 1 入力フォームを作る①——
テキストボックスを使おう ……………………… **101**

    1 入力フォームの部品の名前を知ろう   102
    2 テキストボックスで入力フォームを作ってみよう   103
    3 フォームの送信先と送信方法を指定しよう   106
    4 データを表示するページを作ろう   109
    5 入力されたデータをエスケープ処理しよう   112
    6 結合演算子で文字列をつなげて出力してみよう   115

Lesson 2 入力フォームを作る②——
ラジオボタンを使おう ……………………… **117**

    1 ラジオボタンのしくみ   118
    2 ラジオボタンで性別入力フォームを作ろう   120
    3 ラジオボタンのデータが
       正しいものか検証するには？   123

Lesson 3 入力フォームを作る③——
セレクトボックスとテキストエリアを使おう … **125**

    1 セレクトボックスを使ってみよう   126
    2 テキストエリアを使ってみよう   130
    3 GETメソッドとPOSTメソッド   133

Lesson 4 入力フォームを作る④——
チェックボックスを使おう ……………………… **135**

    1 チェックボックスを使ってみよう   136
    2 foreach文のしくみと使い方①   140
    3 foreach文のしくみと使い方②   142

Lesson5	入力フォームを作る⑤――すべての部品を使おう	145
	1 5つの部品を一緒に使ったフォームページを作ってみよう	146
	2 入力データをまとめて表示する確認ページを作ってみよう	149

Day3

Lesson 1	クッキーを使ってみよう	153
	1 クッキーとは何か？	154
	2 setcookie関数を使ってクッキーをブラウザに保存する	156
	3 保存されたクッキーをブラウザから見てみよう	158
	4 クッキーに保存されたデータをWebページに表示してみよう	162
	5 クッキーの有効期限を延長するには？	165
	6 入力フォームから入力されたデータをクッキーに保存してみよう	168

Lesson 2	セッション使って入力フォームを作ってみよう	171
	1 セッションとは何か？	172
	2 $_SESSIONにデータを保存してみよう	173
	3 $_SESSIONのデータを別のページで表示してみよう	175
	4 入力フォームのデータを$_SESSIONに保存してみよう	178
	5 セッション管理のしくみを知っておこう	181

Lesson 3　プログラムからメールを送信してみよう　……… 183

1　PHPでメールを送信してみよう　　　184
2　FTPソフトをインストールしよう　　　188
3　レンタルサーバにアップしてみよう　　　189
4　メール送信プログラムを実行してみよう　　　192

Lesson 4　入力フォーム、確認ページ、メール送信を連携させよう……………………………………………195

1　入力フォームページを改良しよう　　　196
2　確認ページにセッション機能を追加しよう　　　199
3　メール送信ページにセッション機能を追加しよう　　　203

索引……………………………………………………………206

Day 0 Lesson 1

準備をしよう

このレッスンでは、PHPプログラムを作るのに必要なソフトをインストールして、パソコンの設定をします。

1. 無料のテキストエディタを手に入れよう
2. 無料のサーバを手に入れよう
3. サーバの役割と種類を知っておこう
4. プログラムを保存するための専用フォルダを作ろう
5. 拡張子が表示されるように設定しよう

1 TeraPadのインストール

無料のテキストエディタを手に入れよう

PHPプログラムのスクリプト（＝中身）は、テキストエディタというソフトで書きます。本書では「TeraPad」というテキストエディタを使います。

テキストエディタとは？

テキストエディタ（単にエディタともいう）とは、文字入力に特化したソフトのことです。Windowsに最初から入っている「メモ帳」は、テキストエディタの1つです。ただ「メモ帳」は、行番号が表示されないなど、PHPのプログラミングにはあまり適していないので、この本では「TeraPad」という無料のテキストエディタを使って説明していきます。

> **MEMO**
>
> テキストエディタには有料無料含めて、たくさんのソフトがありますので、「TeraPad」以外のテキストエディタをお使いいただいてもかまいません。ちなみに「Word」や「一太郎」などのワープロソフトはテキストエディタではありませんので、PHPのプログラムを書くのには使えません。

TeraPadをダウンロードする

「TeraPad」は無料で使える高機能のテキストエディタです。検索エンジンで「TeraPad」と検索して、以下のサイトを開いてください。

▼ TeraPad（http://www5f.biglobe.ne.jp/~t-susumu/library/tpad.html）

❶ 画面を下にスクロールする

MEMO

画面右上の「ダウンロード」をクリックすると、違うファイルがダウンロードされます。注意してください。

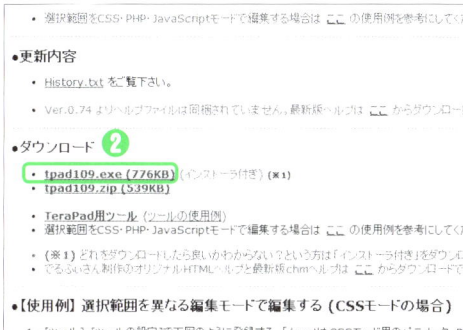

❷ tpad109.exe をクリック

MEMO

バージョンを表す「109」の部分は変わっている場合があります。最新版をダウンロードしてください。

　ダウンロードした **tpad109.exe** をダブルクリックし、表示される説明に従ってインストールしてください。

COLUMN

その他のテキストエディタ

代表的なテキストエディタには、以下のようなソフトがあります（2015/1/9時点の情報）。それぞれ使い勝手が違い、PHPのスクリプトを書くために便利な機能を持つものもあります。この本ではTeraPadで説明を進めますが、お好きなソフトを使っていただいてかまいません。

○ Windows 用テキストエディタ
◎ TeraPad（無料）
　http://www5f.biglobe.ne.jp/~t-susumu/library/tpad.html
◎ サクラエディタ（無料）
　http://sakura-editor.sourceforge.net/
◎ EmEditor（4,000円〜）
　http://jp.emeditor.com/
◎ 秀丸エディタ（4,320円）
　http://hide.maruo.co.jp/software/hidemaru.html
○ Mac 用テキストエディタ
◎ mi（無料）
　http://www.mimikaki.net/
◎ CotEditor（無料）
　http://coteditor.github.io/
◎ Jedit X（2,940円〜）
　http://www.artman21.com/jp/jedit_x/

2 XAMPPのインストール

無料のサーバを手に入れよう

PHPプログラムは、サーバで実行されます。サーバの機能を持つソフトをパソコンにインストールしましょう。

XAMPPをインストールする

パソコンにサーバをインストールするには、**XAMPP（ザンプ）** という無料ソフトを使います（Mac OS Xの場合も同じ）。XAMPPに含まれている**Apache**がサーバです。検索エンジンで「XAMPP」と検索して、以下のサイトを開いてください。

▼ XAMPP（https://www.apachefriends.org/jp/）

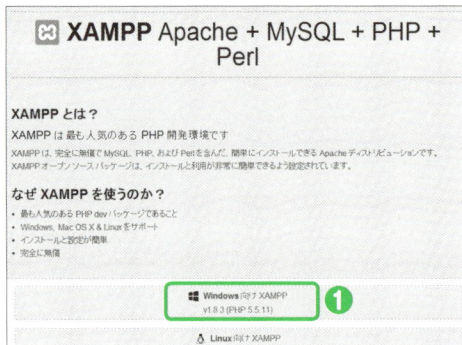

❶ Windows向けXAMPPをクリック

MEMO

画面のレイアウトや、バージョンを表す「1.8.3」などの部分は変わっている場合があります。最新版をダウンロードしてください。

「xampp-win32-1.8.3-4-VC11-installer.exe」というファイルがダウンロードされます。このファイルをダブルクリックすると、インストールが始まります。

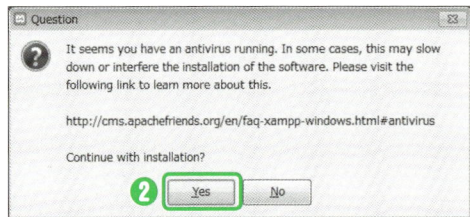

❷「Yes」をクリック

MEMO

ウイルス対策ソフトが動作しているパソコンで表示される確認ダイアログです。

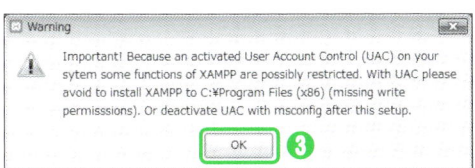

❸「OK」をクリック

MEMO

Windows 7以降のパソコンで表示される確認ダイアログです。

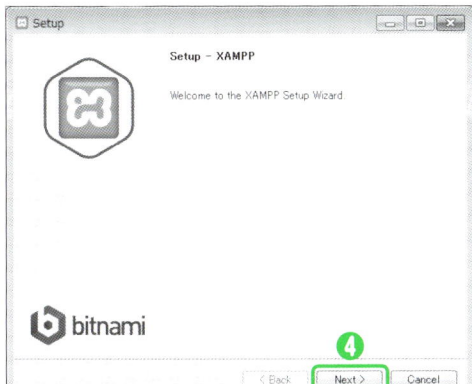

❹「Next」をクリック

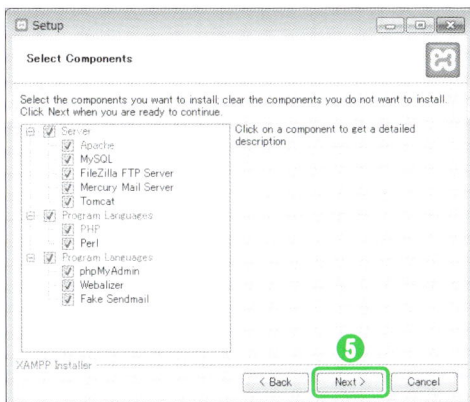

❺「Next」をクリック

MEMO

インストールするコンポーネント（ソフト）を選択する画面です。すべてチェックボックスオンのままでOKです。

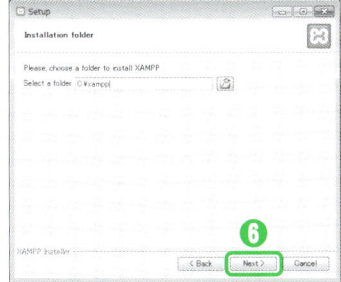

❻「Yes」をクリック

MEMO

インストール場所を指定する画面です。そのままでOKです。

Day 0 Lesson 1 準備をしよう

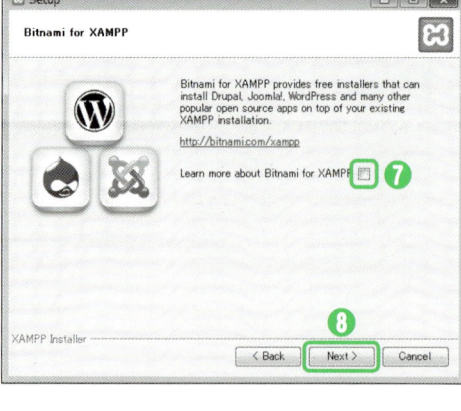

❼ チェックボックスを**オフ**にする

❽ 「Next」をクリック

MEMO

そのほかのソフトの紹介を見るかの確認画面です。見ずにインストールを進めます。

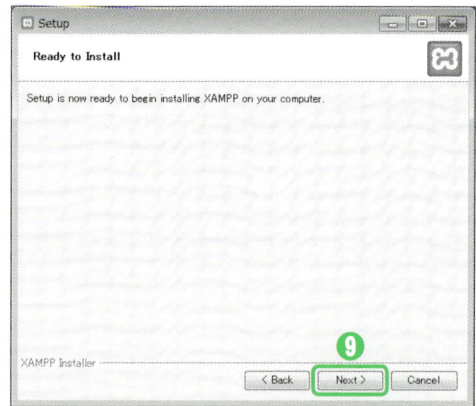

❾ 「Next」をクリック

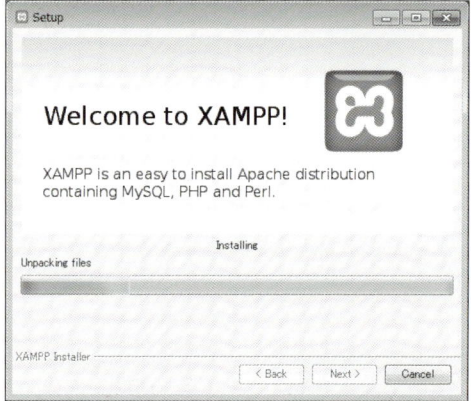

インストールが始まる

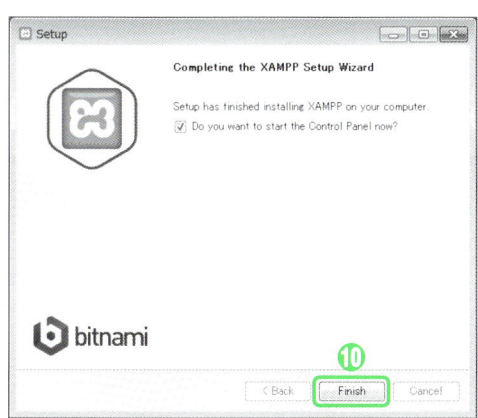

⑩「Finish」をクリック

MEMO

チェックボックスをオンのままにしておくと、次にXAMPPが起動して、XAMPPのコントロールパネルが表示されます。

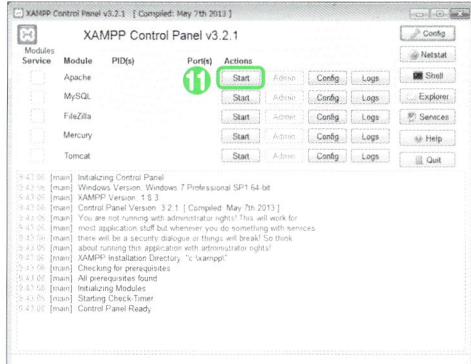

XAMPPが起動した

⑪ Apacheの「Start」をクリック

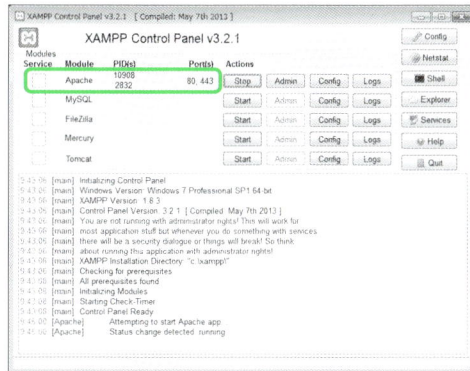

XAMPPの中でApacheが起動した

MEMO

正常に起動すると、Apacheの文字の背景が緑色になります。

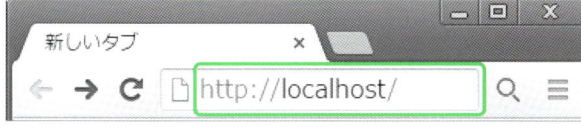

⑫ ブラウザを起動する

⑬ 入力窓に「http://localhost/」と入力して、「Enter」キーを押す

準備をしよう

このように表示されれば
XAMPPのインストールは成功

　このXAMPPには **Apache HTTP Server**（サーバ）と **PHPインタプリタ**（PHPプログラムの実行ソフト）が含まれていて、手軽にローカルホスト（p.21参照）を作れるので、大変便利です。

　このあと、引き続いてプログラムを保存するための専用フォルダを作りますので、XAMPPは起動したままにしておいてください。

COLUMN

ゼロから XAMPP を起動するには？

今回はインストールの流れでXAMPPを起動しましたが、今後、ゼロからXAMPPを起動したいときは、[スタート] → [すべてのプログラム] → [XAMPP] → [XAMPP Control Panel] をクリックして、XAMPPを起動してください。

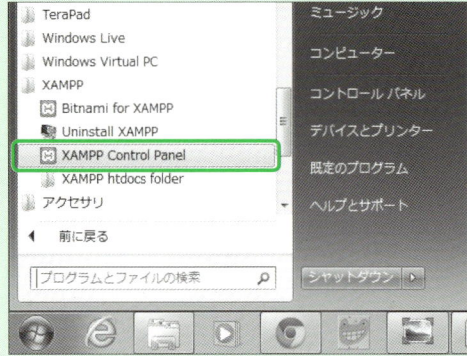

3 リモートホスト、ローカルホスト

サーバの役割と種類を知っておこう

サーバと PHP インタプリタの役割について知っておきましょう。PHP プログラムがどのように動くのかをイメージするのに役立ちます。

サーバとは何か？

　Webサイトを見たり作ったりしていれば、どこかで一度は「サーバ」という名前を聞いたことがあると思います。「レンタルサーバ」や「サーバが落ちた！」という言い回しで使われている「サーバ」は、正式には「Webサーバ」といいます。そして、この**Webサーバというのは、じつはソフト**なのです。

　どういうソフトかといいますと、ブラウザから「このURLのWebページを見たい！」とリクエストされたら、関連するファイル一式をブラウザに返送（レスポンス）するという働きをするソフトです。

リモートホストとローカルホスト

　通常、Webサーバは、インターネット上のどこか遠くに設置されたコンピュータの中にインストールされています。

　Webサーバがインストールされた、どこか遠くにあるネット上のコンピュータのことを、**リモートホスト**といいます。「リモート」は「離れたところにある」という意味です。

　これに対して、Webサーバをインストールした自分のパソコンのことを、**ローカルホスト**といいます。

▼ローカルホストとリモートホスト

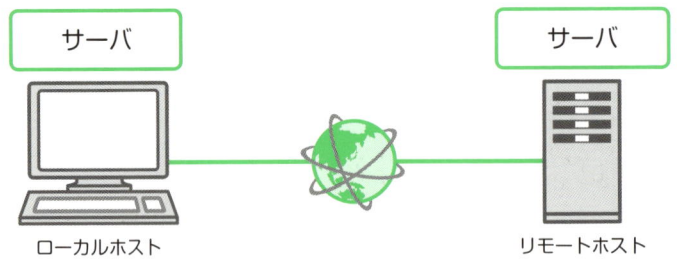

ローカルホストとリモートホストの使い分け

　ローカルホストのサーバは、作成したPHPプログラムの動作確認用に使います。プログラムを動かしてみて、エラーが出たり、思いどおりに動作してくれない（＝バグる）ときは、プログラムを修正して再びローカルホストで動かしてみる、という作業を繰り返します。
　そして、プログラムが完成したら、リモートホスト（レンタルサーバなど）にプログラムをアップロードし、インターネット上に公開します。

PHPインタプリタとは？

　PHPインタプリタは、PHPのプログラムを読み込んで、実行してくれるソフトで、無料で手に入ります。PHP実行エンジンとも呼ばれます。
　Webサーバと同じコンピュータにインストールしておきますが、今回はXAMPPに含まれていますので、改めてインストールする必要はありません。
　またPHPに対応したレンタルサーバであれば、あらかじめインストールされています。
　PHPインタプリタがインストールされたWebサーバに、「PHPプログラムを見たい！」とリクエストすると、PHPインタプリタがそのPHPプログラムを読み込んで実行します。そして、その実行結果ファイルをユーザのブラウザに送信する、という流れになっています。

4 htdocs、公開フォルダ、http://localhost/

プログラムを保存するための専用フォルダを作ろう

PHPプログラムは、サーバ内の公開フォルダ（htdocs）に保存します。htdocsの場所を確認し、その中に学習用のフォルダを作りましょう。

htdocsフォルダとは？

　PHPプログラムは、HTMLファイルなどと違って、**アイコンをダブルクリックしただけでは実行されません**。実行するには、

①プログラムファイルをhtdocsフォルダ以下に保存する
②ブラウザでプログラムファイルのURLを指定する

という手順を踏まなくてはなりません。htdocsフォルダは、一般に「公開フォルダ」と呼ばれるフォルダです。

htdocsにあるファイルをブラウザで表示するには？

　htdocsフォルダに保存したファイルは、ブラウザから

`http://localhost/ファイル名`

というURLを指定してアクセスすると、ブラウザに表示されるようになります。試しに、htdocsフォルダに最初から入っている「index.php」ファイルをブラウザで表示してみましょう。

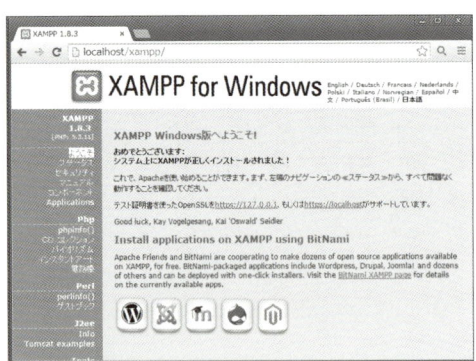

❶ ブラウザを起動する

❷ 「http://localhost/index.php」と入力して、Enter キーを押す

> XAMPPの初期画面が表示される

MEMO

ローカルホスト（localhost）のhtdocsフォルダに自分の作ったファイルを保存しても、インターネット上に公開されるわけではありません。みなさんのパソコンの中でだけ、仮想的に公開状態になるだけです。他の人のパソコンからはアクセスできませんので、安心してください。

本書で作るプログラム専用の公開フォルダを作る

　htdocsフォルダの中に、本書でこれから作っていくプログラムを保存するフォルダを作っておきましょう。

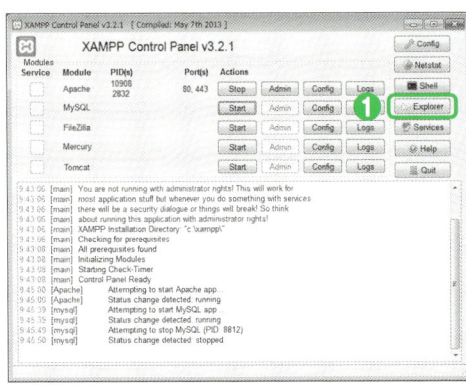

❶ 「Explorer」をクリック

MEMO

Cドライブの中にある「xampp」フォルダが開きます。

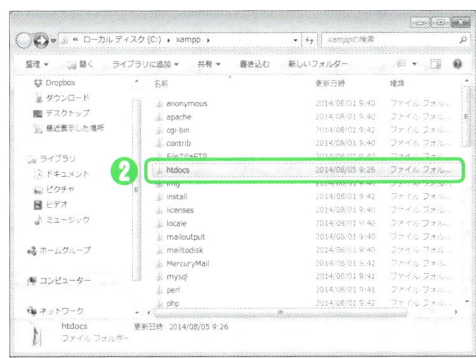

❷「htdocs」をダブルクリック

MEMO

「xampp」フォルダの中にある「htdocs」フォルダが開きます。

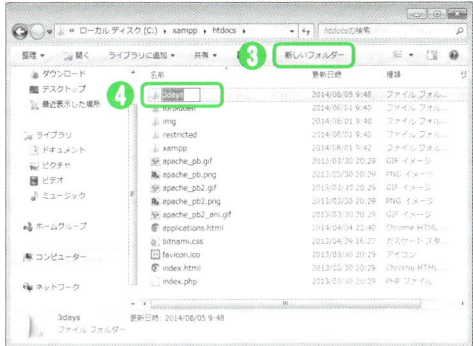

❸「新しいフォルダー」をクリック

❹「3days」という名前でフォルダを作成

MEMO

メモ「htdocs」フォルダの中に「3days」というフォルダができます。

　これでサンプルプログラム専用の公開フォルダ「3days」が作成されました。今後、この本で作っていくプログラムは、このフォルダの中に保存してください。

▼ 3days フォルダの場所

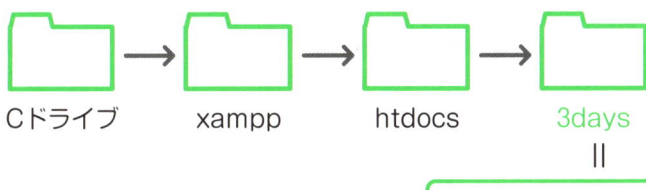

Day 0 Lesson 1 準備をしよう

5 拡張子、.php

拡張子が表示されるように設定しよう

最後の準備として、HTMLファイルやPHPファイルなどの拡張子が、パソコン上で表示されるように設定しておきましょう。

拡張子はファイルの種類を表す文字列

　PHPスクリプトは、**PHPファイルに書かなくてはいけません**。PHPファイルかどうかは、拡張子で見分けられます。拡張子とは、ファイル名の末尾にある「ドットと英数字の文字列」のことで、ファイルの種類を表しています。HTMLファイルの拡張子は「**.html**」か「**.htm**」で、PHPファイルの拡張子は、「**.php**」です。

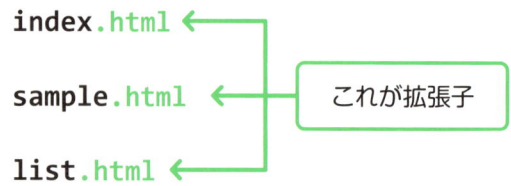

これが拡張子

　Windows 7やWindows 8の初期状態では、拡張子は表示されない設定になっています。しかし、Webページを作ったり、PHPのプログラムを作ったりするときには、拡張子でファイルの種類がわかった方が間違える心配がありません。拡張子が表示されるように設定を変更しておきます。

ファイルの拡張子を表示するには？

　Windows 7でファイルの拡張子を表示するには、以下の操作手順をおこなってください。

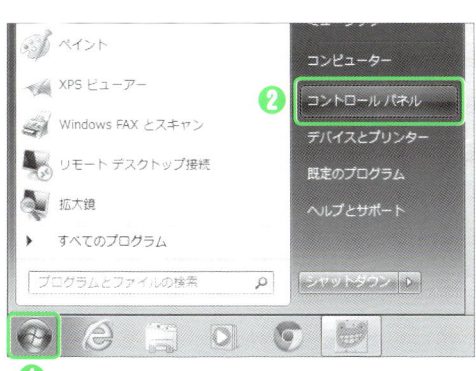

❶ **スタートボタン**をクリック

❷「**コントロールパネル**」をクリック

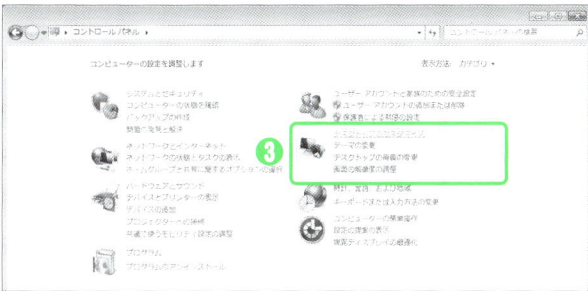

❸「**デスクトップのカスタマイズ**」をクリック

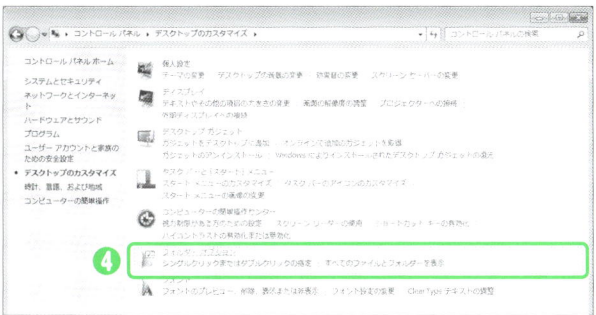

❹「**フォルダーオプション**」をクリック

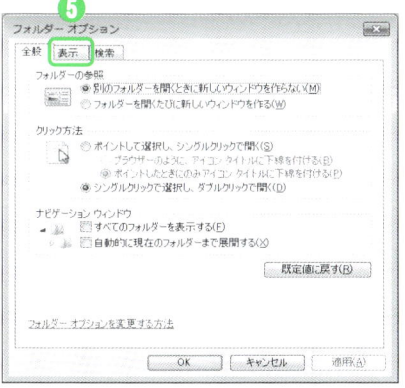

❺「**表示**」をクリック

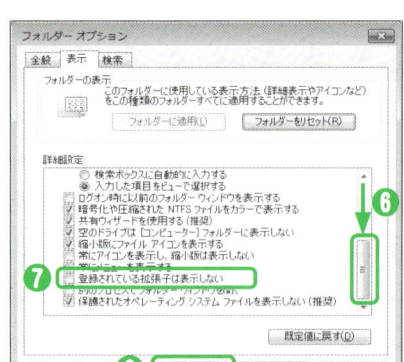

❻ **スライドバー**を下までドラッグ

❼ **「登録されている拡張子は表示しない」**
のチェックをオフにする

❽ **「OK」**をクリック

これで拡張子が表示される設定になりました。

> **COLUMN**
>
> ### Windows 8 で拡張子を表示するには？
> ① キーボードの最下段にある「Windowsマーク」キーを押しながらXキーを押す
> ② 表示された一覧から「コントロールパネル」をクリックして、コントロールパネルを開く
> ③ 「デスクトップのカスタマイズ」をクリック
> ④ 「フォルダーオプション」をクリック
> ⑤ 「表示」をクリック
> ⑥ 「詳細設定」ボックスのスライドバーを下までドラッグ
> ⑦ 「登録されている拡張子は表示しない」のチェックを外す
> ⑧ 「OK」をクリック

> **COLUMN**
>
> ### PHP ファイルの拡張子を TeraPad に関連付ける
> PHPファイルの拡張子である「.php」をTeraPadに関連付けておけば、PHPファイルのアイコンをダブルクリックすると、TeraPadで開かれるようになります。PHPの学習を進めていくうえでは、何度もPHPファイルを開くことになりますので、面倒な手間は少しでも省けるようにしておきましょう。
>
> ①PHPファイルをダブルクリック
> ②「ファイルを開くプログラムの選択」ダイアログで「インストールされたプログラムの一覧からプログラムを選択する」を選択して、「OK」をクリック
> ③「参照」をクリックして、「C:¥Program Files (x86)¥TeraPad¥TeraPad.exe」を選択し、「OK」をクリック
> ④「ファイルを開くプログラムの選択」ダイアログで「OK」をクリック

Day 1 Lesson 1

簡単なプログラムを作成してみる

このレッスンでは、PHPの簡単なプログラムを作成してみます。PHPプログラムの保存方法と実行方法、そしてこのあと何度も繰り返すことになる「プログラムを作成」→「プログラムを実行」→「プログラムを書き換え」→「再度プログラムを実行」という一連の手順を学びます。

1　1行だけのプログラムを作ってみよう
2　保存したプログラムを実行してみよう
3　関数とは何か？
4　date関数の引数を変えるとどうなる？
5　保存したプログラムを書き換えてみよう
6　PHPをHTMLの中に書いてみよう

Day 1 Lesson 1 簡単なプログラムを作成してみる

1 1行だけのプログラムを作ってみよう

文字コード、UTF-8

はじめの1歩として、1行だけのプログラムを作ってみましょう。スクリプト（中身）を書いて、PHPファイルとして保存する方法を覚えてください。

スクリプトを書く

TeraPadを起動して、以下のスクリプトを**すべて半角文字**で入力してください。

```
1  <?php echo date('r'); ?>
```

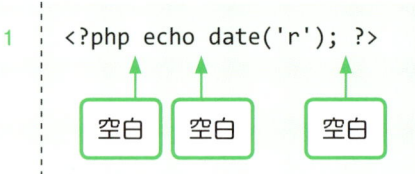

空白とは、**半角スペース**か、**タブ**か、**改行**のことです。どれをいくつ使ってもいいですが、**全角スペースは使ってはいけません**。「syntax error」というエラーになります。

　上の例では1行で書きましたが、改行を使って3行で書いてもいいですし、さらに2行目をタブや半角スペースで字下げしてもいいです。

```
1  <?php
2  echo date('r');
3  ?>
```
改行を使ってもいい

```
1  <?php
2      echo date('r');
3  ?>
```
改行して、さらに行頭をタブでインデント（字下げ）してもいい

どのように書くかは自分の好みでOKです。読みやすいように工夫して書いてください。

PHP ファイルとして保存する

今書いたスクリプトを3daysフォルダに保存します。注意するポイントは3つです。

①文字コードの種類（＝UTF-8N）
②改行コードの種類（＝LF）
③ファイルの種類（＝PHPファイル）

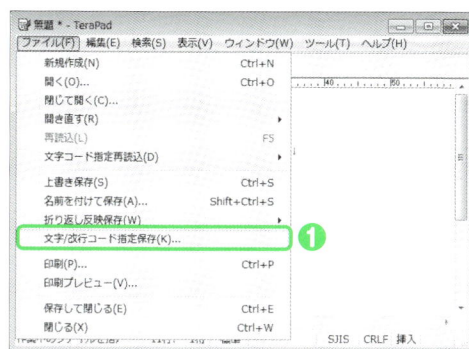

❶［ファイル］→［文字/改行コード指定保存］をクリック

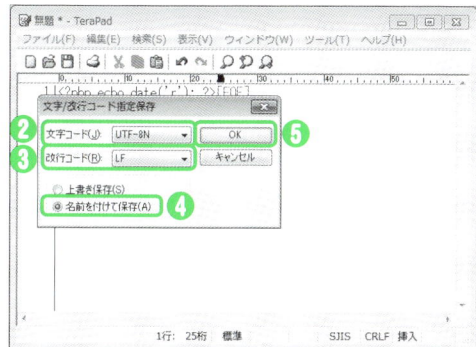

❷文字コードの「UTF-8N」を選ぶ
❸改行コードの「LF」を選ぶ
❹「名前を付けて保存」をクリック
❺「OK」をクリック

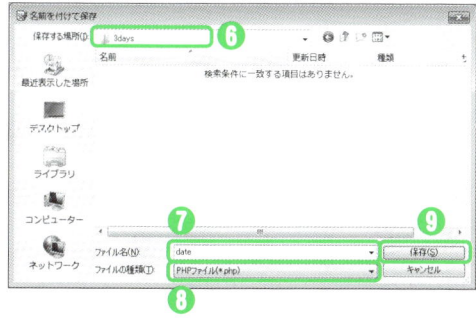

❻3daysフォルダを開く
❼ファイル名に「date」と入力
❽ファイルの種類で「PHPファイル(*.php)」を選択
❾「保存」をクリック

これでスクリプトをPHPファイルとして保存できました。

Day 1 Lesson 1 簡単なプログラムを作成してみる

> **COLUMN**
>
> ### UTF-8N とは？
>
> 「UTF-8N」とは、「BOMなしのUTF-8」のことで、「UTF-8という文字コードで書き、BOMなしで保存する」という意味です。
>
> ちょっと専門的な話になりますが、「BOM」とは、「Byte Order Mark」の略称で、人間の目には見えないコンピュータ用のデータです。「BOMあり」にすると、ファイルの文字コードがUTF-8であることを、はっきりとコンピュータに伝えることができます。ただ、Webページとして表示する際には問題が起きることがあるので、本書ではBOMは付けないようにします。
>
> 「BOMなしのUTF-8」は、TeraPadでは「UTF-8N」という表記になっていますが、この表記はテキストエディタごとに異なります。それぞれ「UTF-8」で「BOMなし（付けない）」を意味する保存形式を選択するようにしてください。

> **COLUMN**
>
> ### LF とは？
>
> テキストエディタでテキストを入力しているときに、Enterキーを押すと改行されます。TeraPadだと「↓」マークが表示されますが、この改行の位置には、「改行コード」という特殊な文字が入力されています。LF（ラインフィード）は改行コードの1つです。
>
> 改行コードには、以下の3つの種類があり、OSごとに標準的に使うものが決まっています。
>
> ①LF（UNIX、Linux、Mac OS X）
> ②CR（Mac OSバージョン9まで）
> ③LF + CR（Windows）
>
> WindowsではLF + CRですが、レンタルサーバなどのリモートホストではUNIX／Linux系のOSを使っていることが多いので、本書でPHPプログラムを書く際には、LFを使うようにしています。

2 PHPプログラムの実行方法、動的なページ

保存したプログラムを実行してみよう

PHPプログラムはダブルクリックしても実行できません。ちょっと面倒くさいかもしれませんが、ブラウザを開いてURLを入力する必要があります。

PHPファイルを実行するには？

ブラウザを立ち上げて、URL表示欄に

`http://localhost/3days/date.php`

と入力し、Enterキーを押してみてください。

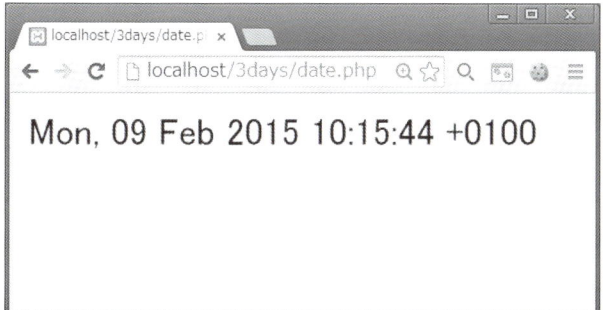

日時が表示されれば成功！

MEMO

日本標準時に合わせる方法は、p.40で説明します。

日時が表示されたら、F5ボタンを何度か押してみてください。押すたびに表示される時刻がどんどん変わっていきますよね。

このように、ユーザの動作や入力データなどが異なると、それによって表示内容が変わるページのことを、プログラミング用語で**動的なページ**といいます。PHPは動的なWebページを作るためのプログラミング言語です。

これに対して、いつ、誰が、何回表示しても常に同じ内容を表示するページのことを**静的なページ**といいます。HTMLは静的なWebページを作るためのマークアップ言語です。

<?php 〜 ?> とは何か？

PHPスクリプトは、必ずこの「**<?php**」と「**?>**」の間に書く、というのが、PHPでスクリプトを書くうえで、一番大事な決まり事です。

「**<?php**」は「ここからPHPスクリプトが始まります」という合図です。そして「**?>**」は「ここでPHPスクリプトが終わります」という合図です。

echo とは？

「echo 〜」は、「〜をブラウザに表示せよ」という命令語（言語構造）です。文字や数字をブラウザに表示したいときに使います。

date とは？

「date('r')」は **date関数**というもので、日時データを表示するための関数です。関数はPHPを使いこなしていくためのカギとなるものです。次のセクションで説明します。

> **MEMO**
>
> 本来、PHPファイルの中身が「?>」で終わる場合は、「?>」を書かない方がよいとされています。スクリプトの内容によっては、「?>」の後に余計な空白があると、バグが発生する可能性があるからです。
> ただし、後述するようなHTMLの中にPHPを埋め込む場合は「?>」は必須です。
> 本書では、今後おもにHTMLの中にPHPを埋め込むサンプルを扱いますので、最初の段階からすべて「?>」を書く書き方に統一しています。

3 関数、引数、返り値

関数とは何か？

PHPには関数がたくさん用意されています。関数の使いこなしが、PHPプログラミングのカギです。

プログラムを楽に書くための便利な機能

　関数とは、プログラムでよく使う処理をひとまとめにしたパーツのことです。Excelを使ったことがある人であれば、Excelの関数と同じようなもの、と考えていただければ分かりやすいかもしれません。

　たとえば、先ほど書いたプログラムの「date('r')」は、**date関数**というもので、「日付や時刻を表示する」という決められた処理を実行してくれる関数です。

```
1  <?php echo date('r'); ?>
```

関数は、関数名と引数と半角カッコで構成されています。

▼関数を構成するパーツ

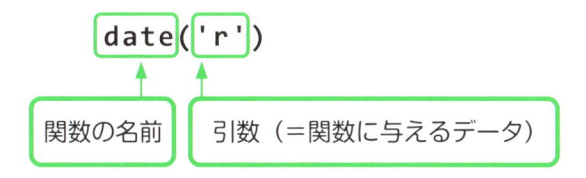

```
date('r')
```

- 関数の名前
- 引数（＝関数に与えるデータ）

　関数名は、その関数の処理内容を簡潔に表しています。
　引数というのは関数に与えるデータのことです。引数の値を変えれば、それに応じて関数の実行結果データが変わります。実行結果データのことを、**返り値**（または戻り値）といいます。
　次のセクションでは、date関数を例に、引数を変えると返り値がどのように変わるか、見てみましょう。

4 date 関数、引数

date 関数の引数を変えるとどうなる？

date 関数を例に、引数を変えると、返り値がどのように変わるのかを見てみましょう。ここではとりあえず見てみるだけです。実際の書き換えはあとでやります。

date 関数の引数を変えると表示形式が変わる

　date 関数の機能は「日付や時刻を表示する」です。引数を変えると、日付や時刻の**表示形式**が変化します。仮に現在の日時が「**2015年4月1日 午後4時3分9秒**」だとして説明していきます。

▼引数を 'Y' や 'y' にしてみると？

```
date('Y')  →   2015
date('y')  →   15
```

　引数を大文字の 'Y' にすると、現在の年が4桁で表示されます。小文字の 'y' にすると、現在の年が下2桁で表示されます。

▼引数を 'm' や 'n' にしてみると？

```
date('m')  →   04
date('n')  →   4
```

　引数を小文字の 'm' にすると、現在の月が2桁で表示されます。1〜9月は先頭にゼロを付けて01〜09と表示されます。小文字の 'n' にすると、1〜9月は1桁で、10〜12月は2桁で表示されます。

▼引数を 'd' や 'j' にしてみると？

```
date('d')  →   01
date('j')  →   1
```

引数を小文字の'd'にすると、現在の日が2桁で表示されます。1〜9日は先頭にゼロを付けて01〜09と表示されます。小文字の'j'にすると、1〜9日は1桁で、10〜31日は2桁で表示されます。

年月日を組み合わせて表示するには？

引数を組み合わせると、年月日をまとめて表示することもできます。

```
date('Y/m/d')    →    2015/04/01
```

シングルクォートの中では、全角文字も使えます。たとえば、「年」「月」「日」を使ってこのように書くこともできます。

```
date('Y年n月j日')    →    2015年4月1日
```

時・分・秒を2桁で24時間表示にするには？

```
date('H')    →    16
date('i')    →    03
date('s')    →    09
```

大文字の'H'は時、小文字の'i'は分、小文字の's'は秒を、それぞれ2桁で表示します。時、分、秒も組み合わせて表示することが可能です。

```
date('H:i:s')    →    16:03:09
```

Day 1 Lesson 1 簡単なプログラムを作成してみる

5 修正、書き換え、再読み込み、リロード

保存したプログラムを書き換えてみよう

ブラウザで date.php を表示したまま、テキストエディタでスクリプトを書き換えてみましょう。書き換えから再読み込みまでの手順を覚えてください。

エディタとブラウザで同じファイルを開いておく

date.phpをエディタとブラウザで同時に開いておいてください。

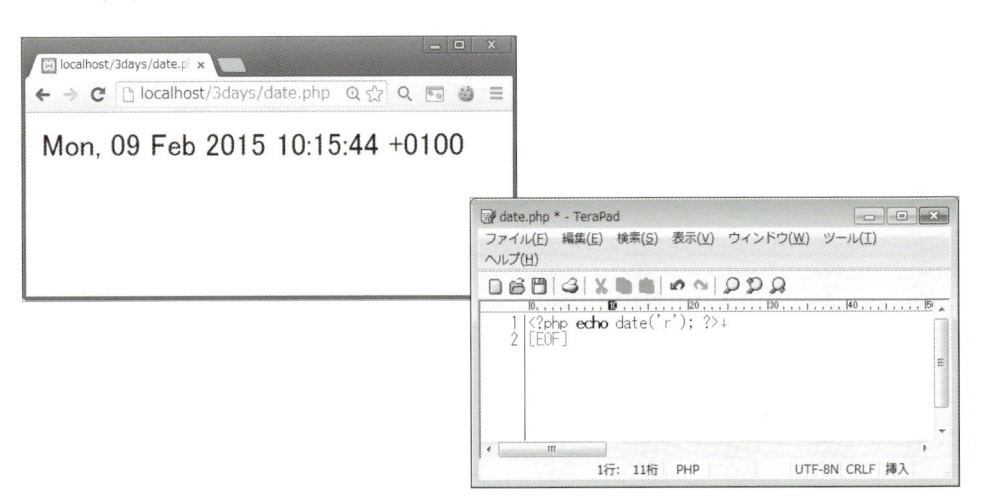

スクリプトを書き換える

エディタでスクリプトを書き換えて、日付と時刻の表示形式を変えてみましょう。エディタに表示したスクリプトを、以下のように書き換えてください。

```
1   <?php echo date('Y/m/d H:i:s'); ?>
```

書き換えたら、上書き保存してください

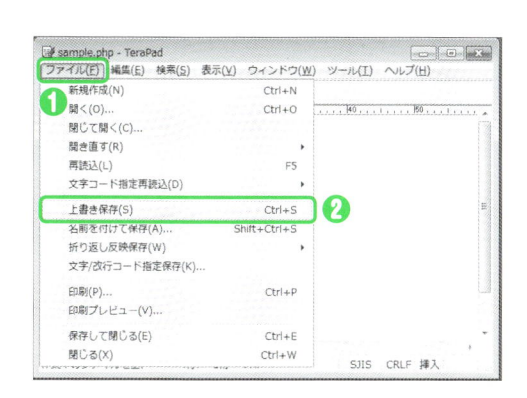

❶「ファイル」をクリック

❷「上書き保存」をクリック

MEMO

上書き保存は、Ctrl＋SキーでもOKです。

　上書き保存しただけでは、**修正はブラウザには反映されません**。ブラウザで再読み込みする必要があります。

❸「再読み込みボタン」をクリック

MEMO

再読み込みは「リロード」ともいいます。F5キーを押しても、リロードされます。

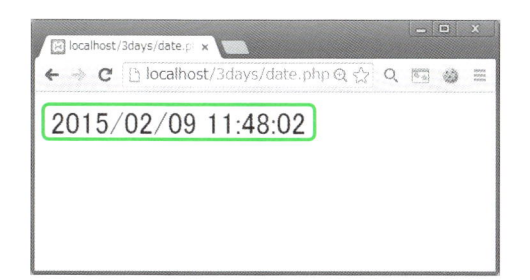

日付と時刻の表示形式が変更された

書き換え・修正の手順

　プログラムを作成するときは、スクリプトを書いて一発で完成ということは滅多にありません。たいていは、書いては実行し、実行しては修正する、という作業の繰り返しで、少しずつ完成に近づいていく、という感じです。「修正して実行したのに直っていない」というときには、上書き保存し忘れたり、再読み込みをし忘れていたりということが原因であることもたまにあります。スクリプトをの内容を書き換えたときや、エラーやバグを修正したときには、

Day 1 Lesson 1 簡単なプログラムを作成してみる

①書き換え・修正
②上書き保存（Ctrl＋Sキー）
③再読み込み（F5キー）

の手順を繰り返すことを忘れないようにしましょう。

COLUMN

表示日時を日本標準時に変更したいときは？

date関数は、パソコンではなく、サーバに設定された標準時に従って日時を表示します。XAMPPをインストールした時点では、サーバの標準時はドイツ標準時（ベルリン）に設定されています。ドイツの標準時は、協定世界時（UTC）から1時間進んだ標準時（UTC+1）、日本の標準時は、協定世界時から9時間進んだ標準時（UTC+9）です。つまり、初期の時刻表示は、日本の現在時刻から8時間遅れています（サマータイム期間は7時間遅れ）。

サーバの標準時を、スクリプトで日本標準時に変更する場合は、**date_default_timezone_set関数**を使い、引数に'Asia/Tokyo'と指定してください。

```php
<?php
  date_default_timezone_set('Asia/Tokyo');
  echo date('Y/m/d H:i:s');
?>
```

COLUMN

エラーを減らすにはどうすればいいか？

PHPプログラムを作っていると、しょっちゅうエラーが出ますが、エラーを恐れる必要はまったくありません。エラーが出たからといって、ブラウザやパソコンが壊れることはありませんし、誰も見ていません。

エラーが出たときには、間違いなく自分の入力したスクリプトにミスがあります。1字1字、正しく入力したつもりでも、どこかに入力ミスがあるはずです。エラーメッセージで表示された内容や行数を頼りに、根気強く修正→リロードを繰り返してください。よくあるミスとしては、以下のようなものがあります。

- 関数名や変数名のスペルミス
- <?phpや?>の書き忘れ
- エラーが出た行の前行にセミコロン（;）がない
- echo文中で、HTMLタグをクォートで囲んでいない
- インデントなどに全角スペースが混じっている
- 条件文や繰り返し文で閉じカッコ（}）の書き忘れ

ミスにも人それぞれ傾向があります。エラーを減らすには、自分のミスの傾向を把握して、スクリプトを入力し終えたときにチェックするようにしてみましょう。

6 HTMLと混在させて書く方法

PHPをHTMLの中に書いてみよう

最後に、PHPスクリプトとHTMLソースコードを混在させて書く方法を説明しておきます。Webサイトの制作では非常によく使う書き方です。

HTMLのコードを書く

　PHPスクリプトは、HTMLソースコードの中に混在させて書くことができます。TeraPadで新規ファイルを開き、以下のHTMLコードとPHPスクリプトを入力してください。ちょっと長いですが、間違えないようにがんばって入力してください。

```
1   <!DOCTYPE html>
2   <html lang="ja">
3   <head>
4   <meta charset="utf-8">
5   <title> プログラム実行テスト </title>
6   </head>
7   <body>
8   <h1> 時刻は <?php echo date('H:i:s'); ?> です </h1>
9   </body>
10  </html>
```

　now.phpと名前を付けて3daysフォルダに保存します。保存したら、ブラウザで**http://localhost/3days/now.php**というURLを表示してみてください。

時刻が埋め込まれた文章が表示されれば成功

HTMLとPHPを混在させる場合、ファイルの種類はHTMLファイルではなく、**PHPファイル**にしなくてはなりません。間違わないよう気をつけてください。

ブラウザでソースコードを見てみよう

では、今のこのdate.phpのソースコードはどうなっているか、見てみましょう。**Ctrl＋Uキー**を押してください。

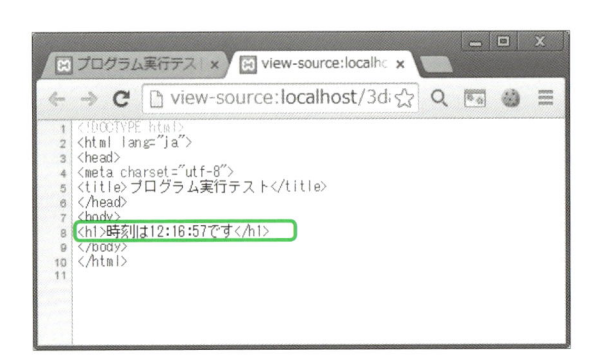

ソースコードが表示される

MEMO

ChromeでCtrl＋Uキーを押すと、新しいタブでソースコードが開きます。

8行目のPHPスクリプトだけが、最初に入力したテキストとは異なるテキストに変化しています。

```
<h1> 時刻は <?php echo date('H:i:s'); ?> です </h1>
                    ↓
<h1> 時刻は 10:29:42 です </h1>
```

これはどういうことかと言いますと、拡張子が.phpのPHPファイルでは、

・HTMLはそのままHTMLとして出力される
・PHPは実行結果が出力される

のです。サーバ上にあるPHPインタプリタは、PHPファイルの中の「<?php」と「?>」の間に書かれた内容を、PHPプログラムと解釈して実行し、その結果をブラウザに出力します。

このように、大部分はHTMLソースコードだけれど、一部分だけPHPスクリプトで処理したいという場合は、PHPファイルにHTMLソースコードを書き、必要な部分をPHPスクリプトで書く、という書き方をします。

COLUMN

HTMLの解説

HTML5には約100種類の要素（タグ）があり、意味や使い方が決まっています。now.phpで使っている要素を順番に説明していきます。

DOCTYPE宣言

```
1  <!DOCTYPE html>
```

これはDOCTYPE宣言といいます。要素ではありません。ファイルの先頭に<!DOCTYPE html>というDOCTYPE宣言が書いてあれば、ブラウザはHTML5として処理します。大文字・小文字は区別されません。

html要素（<html>～</html>）

html要素は、HTMLドキュメントの一番外側の要素です。その他の要素は、すべてこのhtml要素の中に書きます。コンテンツを日本語メインで作成する場合は、html要素のlang属性の値に「ja」と指定します。

head要素（<head>～</head>）

head要素は、そのHTMLファイルに関するいろいろな情報（メタデータ）を書き込むための要素です。

meta要素（<meta>）

```
4  <meta charset="utf-8">
```

これはmeta要素です。charset属性を使って、ファイルを記述している文字コードにUTF-8を指定しています。

body要素（<body>～</body>）

body要素はHTMLファイルの本体を表す要素です。body要素の内容が、ブラウザに表示されることになります。

title要素（<title>～</title>）

title要素には、そのWebページのページタイトルを書きます。

h1要素（<h1>～</h1>）

body要素の中に書くテキストは、ある程度のまとまりごとに、適切な見出しをつけることで、読みやすくなります。見出しをつけるには、h1要素、h2要素、h3要素、h4要素、h5要素、h6要素を用います。h1要素はもっとも重要な大見出しを表します。

COLUMN

文字化けはなぜ起こるのか？

日本語でWebサイトを作ろうとすると、しょっちゅう直面するのが文字化けです。文字化けは、文字コードの違いが原因です。

文字は、コンピュータの内部では、数値（コード）に置き換えて処理されています。文字コードというのは、簡単に言えば、文字と数値の対応を定めた一覧表のことです。日本語には、コンピュータの歴史的な事情から、

・SHIFT-JIS
・EUC-JP
・UTF-8

という3つの文字コードが使われていて、同じ文字であっても、対応する数値が異なっています。ある文字コードで保存された文字を、別の文字コードで表示しようとしたときに適切に表示されない現象、それが文字化けです。WebページやPHPプログラムの作成から公開までの間、すなわち

・PHPファイルを保存したときの文字コード
・PHPファイル内で指定した文字コード（meta要素のcharset属性）
・サーバ内の文字コード
・PHPインタプリタ内の文字コード
・表示するブラウザの文字コード

の5ステップの文字コードが揃っているか、あるいは適切に変換されていないと、文字化けが起きます。

たとえば、PHPファイルの中の、「<meta charset="utf-8">」で指定した文字コードと、PHPファイルとして保存するときの文字コードが一致していないと、ブラウザで表示したときに文字化けします。

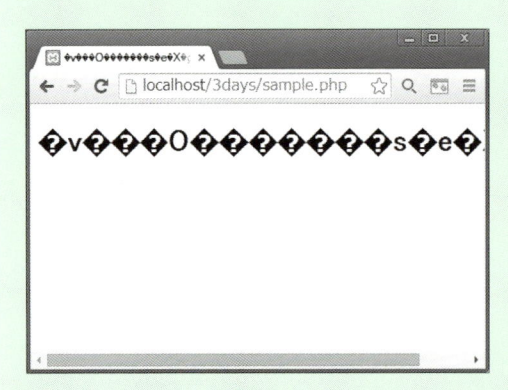

文字化けしたPHPプログラム

本書では、PHPプログラムは「UTF-8」という文字コードで書きますので、UTF-8で保存するのを忘れないようにしましょう。

Day 1 Lesson 2

PHPの文法①
──基本ルールを覚えよう

このレッスンでは、PHPスクリプトを書く上で知っておきたい基本ルールと、データの種類について学びます。

1 プログラムの基本構造を知っておこう
2 PHPプログラムの書き方のルールを覚えよう
3 コメントの書き方を覚えよう
4 データの種類について

Day 1 Lesson 2 PHPの文法①——基本ルールを覚えよう

1 プログラムの基本構造を知っておこう

文、制御文、条件文、条件分岐、繰り返し文、反復

今回、この本で初めてプログラミングを学ぶという人のために、プログラムの基本構造を簡潔に説明しておきます。

プログラムとは？

プログラムとは「コンピュータへの指示書」です。基本的には、以下のようなことを書きます。

①入力するデータ
②データの処理（手順）

処理手順のことを、プログラミング用語で「アルゴリズム」といいます。これをPHPで書くとPHPのプログラムになります。

これから簡単なプログラムを作りながらPHPの書き方、使い方を学んでいきますが、その際には、上記の2つのポイントを意識すると混乱せずに理解できるはずです。

処理の単位＝文

プログラムの中に書く1つ1つの処理は、**文**という単位で記述します。1つの文＝1つの処理です。先ほど作ったプログラムは、文が1つだけのプログラムです。文の最後には、セミコロン (;) をつけます。

```
1  <?php
2    echo date('r');    ← 文が1つだけのプログラム
3  ?>
```

ほとんどの場合、プログラムで思いどおりの処理を実行するには、複数の文が必要になります。複数の文が書かれたプログラムは、先頭の文から順番に実行されます。

処理手順①：先頭から順番に実行する

複数の文がある場合、基本的には先頭から順番に実行されます。

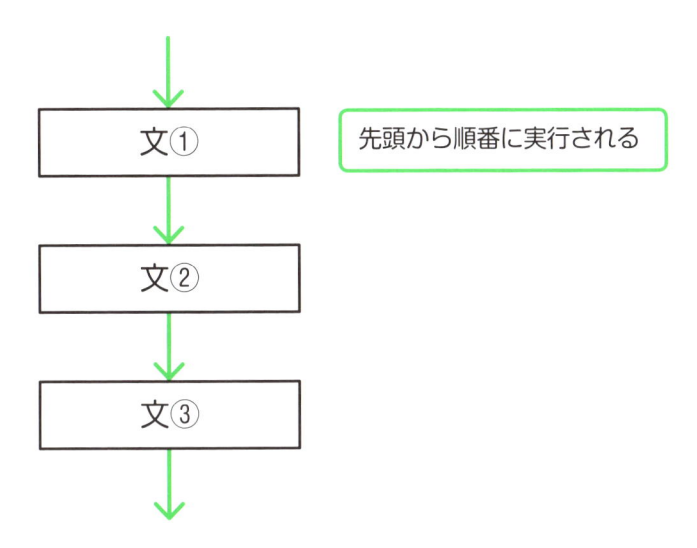

```
    ↓
┌─────────┐
│  文①   │      先頭から順番に実行される
└─────────┘
    ↓
┌─────────┐
│  文②   │
└─────────┘
    ↓
┌─────────┐
│  文③   │
└─────────┘
    ↓
```

スクリプトとしては、処理したい順番に、上から順に文を書いていけばOK、ということです。

MEMO

処理を実行する文には、代入文、関数呼び出し文、echo文などがあります。

処理手順②：条件で分岐して実行する

プログラムによっては、条件によって処理の流れを変えたい場合があります。そのようなときには、**制御文**という種類の文を使います。たとえば、何らかの条件によって処理手順の順番を変えたいときは、制御文の1つである**条件文**を使って処理を分岐させます。これが2番目の処理手順である**条件分岐（選択）**です。

▼条件分岐（選択）

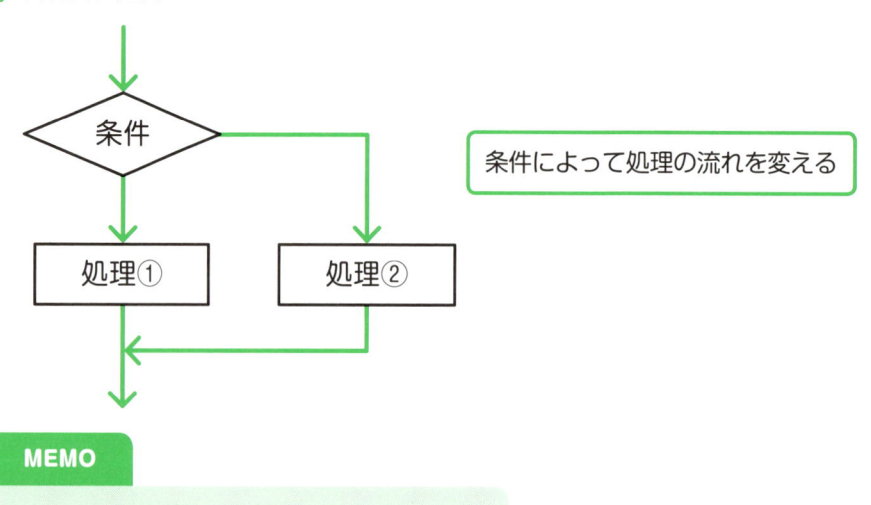

```
      ┌─────┐
      │ 条件 │──────→ 条件によって処理の流れを変える
      └─────┘
       ↓      ↓
    ┌─────┐ ┌─────┐
    │処理①│ │処理②│
    └─────┘ └─────┘
```

MEMO

条件文には、if文、if ～ else文、if ～ elseif ～ else文、switch文などがあります。

処理手順③：繰り返し実行する

また、一定の条件のあいだ、同じ処理を繰り返し行いたいときには、おなじく制御文の1つである**繰り返し文（反復文）**を使います。

▼繰り返し（反復）

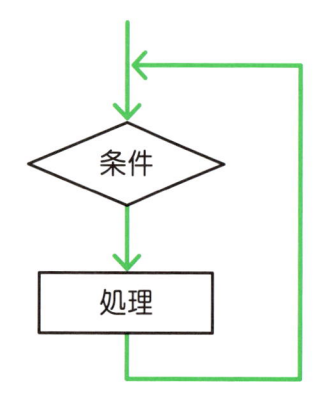

```
    ┌─────┐
    │ 条件 │──────→ 条件が満たされている間
    └─────┘         同じ処理を繰り返す
       ↓
    ┌─────┐
    │ 処理 │
    └─────┘
```

MEMO

繰り返し文には、while文、for文、foreach文などがあります。

以上の内容は、だいたいどのプログラミング言語でも共通している内容です。PHPを学ぶということは、これらを「PHPというプログラミング言語でどのように書くか？」を学ぶということになります。

2 ファイルの種類、書く場所、使える文字

PHP プログラムの書き方の ルールを覚えよう

最低限知っておきたい基本的なルールをまとめておきます。すでに学んだ内容も含まれていますので、おさらいとして読んでください。

PHP ファイルに書く

　PHPスクリプトは、拡張子を .php にした PHP ファイルに書く必要があります。HTMLファイルに PHP スクリプトを書いても、PHP プログラムとして実行されません。

.php　　.html（.htm）

<?php と ?> の間に書く

　PHPスクリプトは、<?php と ?> の間に書きます。<?php ～ ?> は、1つのPHPファイルにいくつ書いてもかまいません。すべてまとめて1つのPHPプログラムとして実行されます。

```
<?php スクリプト ?>
```

```
<?php
    スクリプト
    スクリプト
?>
```

文の終わりにはセミコロン（;）

スクリプトは文という単位で書きます。1つの文＝1つの処理です。それぞれの文の終わりには**セミコロン (;)** を書いて、次の文との区切りにします。

半角英数字や半角記号を使って書く

PHPスクリプトは、基本的に以下の文字を使って書きます。

・半角英字（大文字／小文字）
・半角数字
・半角記号
・空白（半角スペース、タブ、改行）

大文字と小文字は区別されません（後で説明する変数名を除く）。すでに出たechoはEchoと書いても、ECHOと書いても動作します。そして、スクリプトの地の文では、全角スペースは空白として使ってはいけません。エラーになります。

スクリプトは読みやすく書く

ルールではありませんが、スクリプトを書くときには、できるだけ読みやすく書くように気を配りましょう。読みにくいスクリプトはエラーの元です。あとで改良するときにも時間がかかります。

スクリプトを読みやすくするには、必要に応じて、空白、インデント（空白による行頭字下げ）、コメントを使ってください（空白は、いくつ書いてあっても、余分なものは無視されます）。

3 行コメント、ブロックコメント

コメントの書き方を覚えよう

コメントは、ソースコード中に自由に書き込めるメモのようなものです。ソースコードを読みやすくするためなどに使います。

コメントとは？

コメントは、スクリプト中に自由に書き込めるメモのようなものです。処理の内容の簡単な説明を書いておきます。あとからスクリプトを読んだ人（自分を含む）が、どこにどんな処理が書いてあるのかがひと目で分かるようにしておきます。

コメントには、「行コメント」と「ブロックコメント」という2種類の書き方があります。どちらも、プログラムの実行時には無視されます。

行コメントは、1行のコメントです。「//」「#」から「改行」までがコメントと見なされます。「//」「#」は行頭に書いてもいいですし、行の途中に書いても構いません。

```php
<?php
# 日付の表示
  echo date('Y/m/d');  // 現在の日付を YYYY/mm/dd 形式で表示
?>
```

ブロックコメントは、複数行にわたって使えるコメントです。「/*」から「/*」までがコメントと見なされます。もちろん1行だけでもOKです。

```php
<?php
/* ここからがコメント
現在の日付を表示  */
?>
```

MEMO

コメントの文中では、全角文字を使っても大丈夫です。

4 数値、文字列、論理値

データの種類について

PHPを始めた段階でよく使うデータの種類（型）は、①数値、②文字列、③論理値、の3つがあります。

データの型とは？

　PHPのプログラムで処理できるデータは、いくつかの種類に分けられます。データの種類のことを、プログラミング用語で型といいます。PHPには8つの型があります。

- 数値（整数、浮動小数点数）
- 文字列
- 論理値
- NULL（p.61で説明）
- 配列（p.66で説明）
- オブジェクト（この本では説明しない）
- リソース（この本では説明しない）

　入門段階でよく使うのは、数値、文字列、論理値です。順番に説明します。

数値とは？

　数値には、整数と浮動小数点数があり、この2つは区別されます。
　整数とは、ひとことで言えば小数点を使わない数のことです。正の整数、0、負の整数があります。負の整数は先頭に「－」を付けます。正の整数は先頭に「＋」を付けても付けなくても大丈夫です。

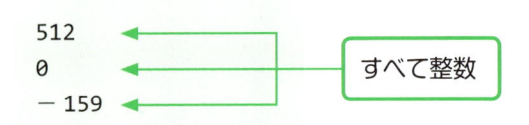

```
512
0
－159
```
　　　　　すべて整数

浮動小数点数とは、簡単に言えば、「1.25」や「0.1」といったような**小数を使って表される数**のことです。整数も小数を使って書くと浮動小数点数として扱われます。たとえば、「2」は整数ですが、「2.0」は浮動小数点数です。

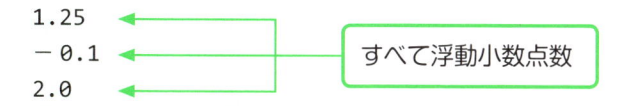

```
1.25     ←
－0.1    ←     すべて浮動小数点数
2.0      ←
```

文字列とは？

　文字データのことを、プログラミング用語で「文字列」といいます。文字の列だから文字列なのですが、1文字でも文字列と呼びます。文字列には、

・アルファベットの大文字・小文字（全角、半角ともに）
・日本語のひらがな、カタカナ、漢字
・数字、記号、スペース（全角、半角ともに）

などがあります。文字列は、**半角シングルクォート(')** か、**半角ダブルクォート(")** で囲みます。囲んだひとかたまりが、それぞれ1つの文字列データと見なされます。数字も「'」「"」で囲むと文字列として扱われます。

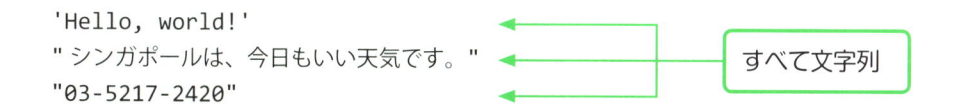

```
'Hello, world!'                          ←
" シンガポールは、今日もいい天気です。"   ←     すべて文字列
"03-5217-2420"                           ←
```

COLUMN

シングルクォートとダブルクォートの違い

基本的には、どちらを使ってもかまいませんが、いくつか違いがあります。
まず、シングルクォートの中とダブルクォートの中では、使えるエスケープシーケンスの種類が違います。エスケープシーケンスとは、改行やタブ、シングルクォート自身やダブルクォート自身など、普通にそのまま書いただけでは表示できない文字を表す書き方です。
シングルクォートの中で使えるエスケープシーケンスは、「¥¥」（円記号またはバックスラッシュ）、「¥'」（シングルクォート）の2つです。
ダブルクォートの中で使えるおもなエスケープシーケンスには、以下のようなものがあります。

Day 1 Lesson 2 PHPの文法①──基本ルールを覚えよう

▼ダブルクォートで囲んだ文字列で使えるエスケープシーケンス（抜粋）

エスケープシーケンス	エスケープシーケンスが表す文字
¥n	改行
¥t	タブ
¥¥	円記号（またはバックスラッシュ）
¥$	ドル記号
¥"	二重引用符

もう1点の違いとしては、ダブルクォートの中では、変数が展開されます。展開についてはp.59で説明します。

論理値とは？

論理値とは、真（正しい）か偽（正しくない）かを表す型で、取り得る値は、**true**（真）または**false**（偽）のどちらかになります。大文字／小文字は区別されないので、**TRUE**、**FALSE**と書いても同じです。

MEMO

trueやfalseをダブルクォートやシングルクォートで囲むと、論理値ではなく、文字列として扱われます。間違わないように気をつけてください。

Day 1 Lesson 3

PHP の文法②
──変数のしくみと使い方

このレッスンでは、変数のしくみと基本的な使い方について学びます。

1 変数のしくみ
2 変数の使い方──代入と利用
3 変数の型を調べるには
   var_dump関数を使おう

変数のしくみ

① 変数の定義、変数名の付け方

プログラムで使うデータを保存しておく入れ物、変数について学びます。

変数とは？

変数とは、プログラムで処理したい**データを保存しておくための入れ物**で、イメージとしては箱のようなものです。

▼変数のしくみ

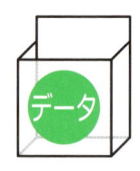

変数はデータを入れる箱

変数はプログラマが作ります。変数を作るのは簡単です。「変数の名前」を考えて、プログラムの中に書けば、それで新たな変数が作られます。変数を作ることを**変数を定義する**といいます。

変数名の付け方

変数名を付けるには、次のようなルールがあります。

- 変数名の前には「**$**」を付ける
- 1文字目は**半角アルファベット**か**半角アンダースコア（_）**
- 2文字目以降は、**半角アルファベット**か**半角アンダースコア（_）**か**半角数字**
- アルファベットの**大文字と小文字は区別**される

▼ダメな変数名

× `total`　//変数名の前に$がないのでダメ
× `$123`　　//1文字目が数字なのでダメ
× `$member-ID`　　//ハイフンを使っているのでダメ

▼有効な変数名

○ `$total`
○ `$_123`
○ `$member_ID`

無効な変数名をつけると「syntax error」（文法エラー）というエラーが表示されます。

変数名を付けるときは、中に入っているデータがどういうデータなのかがすぐに分かる名前にしておくと読みやすいプログラムになります。たとえば、数値の合計を表す数値データを入れておく変数名であれば「$total」にしておくといった具合です。

COLUMN

PHPの変数の特徴

PHPの変数は、他のプログラミング言語と比較した場合、以下のような特徴があります。

- 変数を明示的に宣言する構文がない
- 変数は、初期化（最初に値が代入）された時点で作成される
- 初期化されていない変数には、NULLが代入される
- 変数には決まった型がない（どのような型の値でも代入できる）
- 変数の型は代入されたデータの型に応じて変化する

2 代入文、代入演算子、利用、展開、null

変数の使い方──代入と利用

変数にデータを代入する方法と、代入したデータを利用する方法を学びます。

変数にデータを代入するには？

変数にデータを代入するには、変数名と代入したいデータを**イコール（=）**でつなげて書けばOKです。これを**代入文**といいます。

▼ 構文：代入文

```
$変数名 = データ;
```

イコールは、プログラミング用語で**代入演算子**といいます。**変数（左辺）**に、**データ（右辺）を代入する**という処理を表す記号です。

> **MEMO**
> 左辺と右辺を逆に書いてはいけません。また数学のイコール（等しい）とは意味が違うので気を付けてください。

▼ 各データ型の代入文サンプル

```php
<?php
$year = 2015;
$temperature = 26.5;
$greeting = 'Hello, world!';
$weather = "シンガポールは、今日もいい天気です。";
$check = false;
?>
```

> **MEMO**
>
> イコールの左右に半角スペースを入れているのは、見やすくするためです。文法上はあってもなくてもかまいません。

代入されたデータの上書き

　すでにデータが代入されている変数に、別のデータを代入すると、データは上書きされます。たとえば、以下の例では、最終的な $month の値は12になります。

```php
<?php
$month = 10;
$month = 11;
$month = 12;
?>
```

変数を利用するには？

　変数に代入されたデータを利用するには、文の中に、使いたいデータが入っている変数名を「$変数名」と書くだけでOKです。たとえば、echo文で変数 $greeting を利用したいときは、このように書きます。

```php
<?php
$greeting = 'Hello, world!';
echo $greeting; //「Hello, world!」が出力される
?>
```

ダブルクォートの中の変数は展開される

　ダブルクォートで囲んだ文字列の中に変数がある場合、その変数は**展開**されます。展開とは、「代入されているデータの値を表示すること」です。

▼変数を展開するダブルクォート

```
<?php
$hour = 9;
echo " 今日の開店時間は $hour 時です。";
?>
```

> 変数名の後には空白を入れる

> $hour が展開された

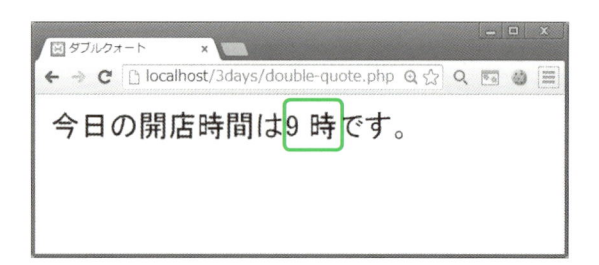

しかし、シングルクォートの場合、文字列中の変数は展開されません。変数名がそのまま表示されます。

▼変数を展開しないシングルクォート

```
<?php
$hour = 9;
echo ' 今日の開店時間は $hour 時です。';
?>
```

> 変数名の後には空白を入れる

> $hour が展開されない

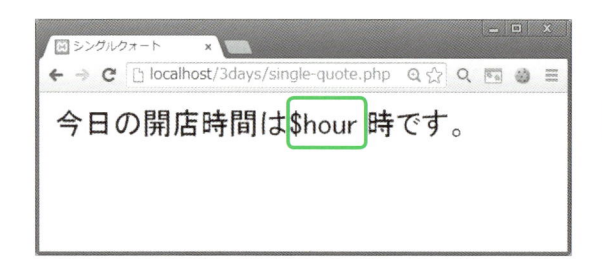

　注意点としては、ダブルクォートの中で展開したい変数名の後に**空白**（半角スペースか改行かタブ）を入れないとエラーやバグになります。文字列の中のどこまでが変数名なのかをハッキリさせないといけないからです。見た目の問題からスペースを入れたくないときは、変数名を**波カッコ{ }**で囲んでください。

▼変数名を波括弧で囲んで展開する

```php
<?php
$hour = "9";
echo " 今日の開店時間は ${hour} 時です。";
?>
```

変数名を波カッコで囲む

変数のデータを消去して中身を空にするには？

変数を空にするには、**NULL**（ヌル）という型のデータを使います。NULLは他の型とは全然違っていて、**変数の中に何も入っていない**ことを表す特別な型です。NULL型に属する値は**NULL**だけです。定義された変数に、何も値が入っていないときにはNULLになります。また、変数をNULLにしたいときには、NULL（またはnull）を代入します。

```php
<?php
$score = NULL;
?>
```

MEMO

nullは「0」とは違うので注意してください。ちなみに、0は整数、0.0は浮動小数点数、"0"や'0'は文字列になります。

COLUMN

定数

プログラムの中で、変更する可能性のない決まったデータを格納するには、変数ではなく、**定数**を使います。定数はdefine関数で定義します。

▼構文：define関数

```
define('定数名', データ)
```

定数名の前には「$」を付けません。それ以外のルールは変数名の付け方と同じです。定数に代入したデータは、上書きできません。

3 変数の型、var_dump 関数、pre タグ

変数の型を調べるには var_dump 関数を使おう

変数にも型があります。変数の型は、代入されているデータの型に応じて決まります。変数の型の調べ方を知っておきましょう。

変数の型とは？

変数の型は、代入されているデータの型などによって決まります。たとえば、

・文字列データが代入されていれば「文字列」
・整数データが代入されていれば「整数」

です。また、変数の型は、代入されるデータの型やその他の要因によって変わっていきますが、変数の見た目からはその時点の型が何なのか分かりません。

変数の型を正しく把握して処理の流れをコントロールしておかないと、思わぬところでプログラムにバグ（意図と違った処理や結果）が出たりします。変数の型を調べるには、**var_dump関数**を使います。

変数の型と値を調べるには var_dump 関数

var_dump関数は、引数に指定された変数（**var**iable）の「型」と「値」を表示（**dump**）してくれる関数です。

▼構文：var_dump 関数

```
var_dump($変数名)
```

変数の型を示すキーワードは以下のとおりです。

PHPの文法② ── 変数のしくみと使い方

▼ var_dump 関数で表示されるおもなキーワード

変数の型	型を表すキーワード
整数	int
浮動小数点数	float
文字列	string
論理値	bool
null	NULL
配列	array

▼ var_dump 関数を使ったサンプルプログラム（var_dump1.php）

```php
<?php
$year = 2015;
$temperature = 26.5;
$greeting = 'Hello, world!';
$check = false;
$n = null;

var_dump($year);
var_dump($temperature);
var_dump($greeting);
var_dump($check);
var_dump($n);
?>
```

このプログラムを実行すると、以下のような内容が表示されます。

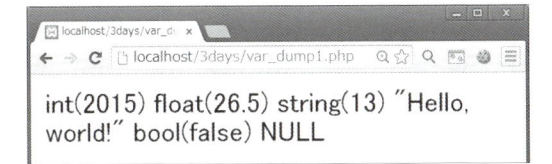

int(2015) float(26.5) string(13) "Hello, world!" bool(false) NULL

変数の型と中身が表示された

型	表示される内容	備考
整数	int(2015)	カッコの中は値
浮動小数点数	float(26.5)	カッコの中は値
文字列	string(13) "Hello, world!"	カッコの中は文字数
論理値	bool(false)	カッコの中は値
NULL	NULL	

COLUMN

var_dump 関数の実行結果を見やすく表示する

var_dump関数の実行結果を、HTMLとしてブラウザに表示したいときは、PHPスクリプト全体をpreタグで囲むと、各行が改行されて見やすく表示されます。

▼ var_dump 関数を使ったサンプルプログラム（var_dump2.php）

```
<!DOCTYPE html>
<html lang="ja">
<head>
<meta charset="utf-8">
<title>var_dump 関数 </title>
</head>
<body>
<pre>
<?php
$year = 2015;
$temperature = 26.5;
$greeting = 'Hello, world!';
$check = false;
$n = null;

var_dump($year);
var_dump($temperature);
var_dump($greeting);
var_dump($check);
var_dump($n);
?>
</pre>
</body>
</html>
```

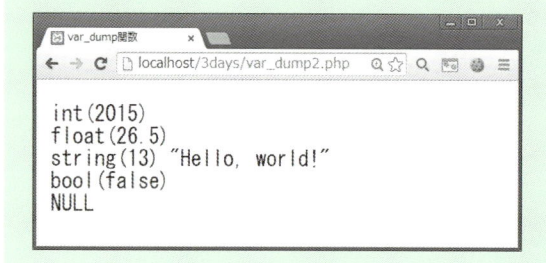

各行が改行されて表示された

```
int(2015)
float(26.5)
string(13) "Hello, world!"
bool(false)
NULL
```

Day 1 Lesson 4

PHP の文法③
──配列のしくみと使い方

このレッスンでは、1つの変数で複数のデータを管理できる配列のしくみと使い方について学びます。

1 配列のしくみ
2 配列の作り方
3 配列の使い方──代入と参照
4 2次元配列の作り方、使い方

Day 1 Lesson 4 PHPの文法③——配列のしくみと使い方

1 配列、要素、キー、値、配列名、変数と配列の関係

配列のしくみ

複数のデータを、1つの変数でまとめて管理したいときには、配列というしくみを使います。

配列とは？

前のレッスンでは、1つの変数で1つのデータを管理する方法を学びました。これに対して、**1つの変数で複数のデータを管理するしくみ**が配列です。

配列とは、ひと言で言えば、**変数の中に別の変数を作る**しくみのことです。しかも、「中の変数」はいくつでも作れます。この「中の変数」全体を**配列**といい、また「中の変数」1個1個のことを**要素**と呼びます。

▼配列のしくみ

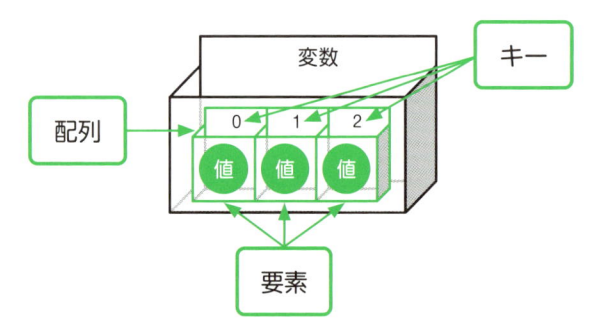

要素にはそれぞれ異なる名前（**キー**）を付ける必要があります。キーには、文字列か整数を使うことができます。また、要素に代入されたデータのことを**値**といいます。

MEMO

キーが文字列の配列のことを**連想配列**、キーが整数の配列を**インデックス配列**（または単に配列）と呼び分ける場合があります。

変数と配列は1対1対応

1つの変数の直下には、配列は1つしか入れられません。

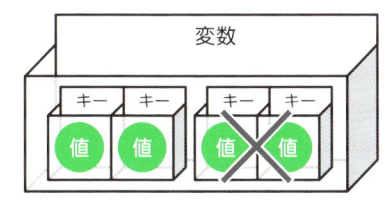

複数の配列は入れられない

また、配列が入っている変数に、配列とは別に、文字列や整数など**単独**のデータを入れることはできません。

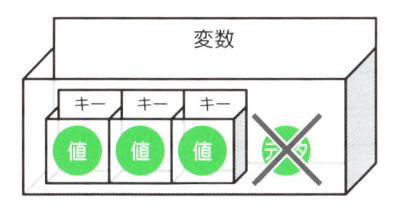

配列の入った変数にデータは入れられない

つまり、中に配列が入っている変数は、

- 変数＝配列
- 変数名＝配列名

ということになります（ただし、要素の中に配列を入れることはできます）。というわけで、一般には、「配列が入っている変数」のことを単に「配列」と呼びます。また「配列名」といった場合は、「配列が入っている変数名」を意味します。

配列名のルール

配列名の付け方のルールは、変数名のルールと同じです。

- 配列名に使える文字は、**半角アルファベット**、**半角数字**、**半角アンダースコア（ _ ）**
- 半角数字は先頭の文字には使えない
- アルファベットの大文字と小文字は区別される

1つのプログラムの中で、配列名と変数名に同じ名前を使うことはできません。

配列の作り方

2 値の代入方法、array() の使い方

変数に配列としてデータを代入することを、「配列を作る」といいます。ここでは配列の作り方を、「3つの要素を持つ配列を作る」という例を使って説明します。

① 1つずつ順番に値を代入していく方法

変数の中に配列を作るには3つの方法があります。いちばん単純なのは、**半角の角ブラケット**を使う方法です。変数名の後ろに**[]**を付けて値を代入すると、値が新しい要素として代入されます。

```php
<?php
$colors[] = '白';
$colors[] = '黒';
$colors[] = '赤';
?>
```

新しい要素は、まだ他の要素がなければ先頭要素になり、すでに要素があれば末尾に追加されます。キーは0から順番に自動的に割り当てられます。上の例では、以下のような3つの要素を持つ配列が作られます。

▼配列 $colors

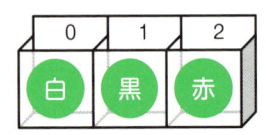

0	1	2
白	黒	赤

3つの要素を持つ配列が作られた

② 1つずつキー名を指定して要素を作る方法

2つ目は、キー名を指定して要素を1つずつ作っていく方法です。半角の角ブラケット [ ] を使ってこのように書きます。

```php
<?php
$colors['white'] = '白';
$colors['black'] = '黒';
$colors['red'] = '赤';
?>
```

こうすると、以下のような3つの要素を持つ配列が作られます。

▼配列 $colors

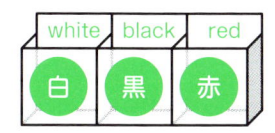

指定したキー名で配列が作られた

キーが整数の場合も基本的には同じです。角ブラケットの中にキーを直接書きます。

```php
<?php
$colors[0] = '白';
$colors[1] = '黒';
$colors[2] = '赤';
?>
```

こうすると、以下のような3つの要素を持つ配列が作られます。

▼配列 $colors

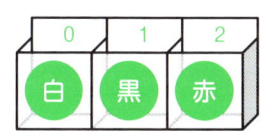

キーが整列の配列が作られた

③ array() を使う方法（インデックス配列の場合）

変数にarray()を使って値を代入すれば、配列が作成されます。

▼構文：array() の使い方

$配列名 = array(値①, 値②,…);

たとえば、$colorsという配列に、「白」「黒」「赤」という3つの文字列を代入するには、それぞれの文字列をシングルクォート（またはダブルクォート）で囲んで、このように書きます。

```
$colors = array('白', '黒', '赤');
```

これで$colorsという名前の配列が作成され、先頭から順番に要素に代入されます。キー0の要素に「白」、キー1の要素に「黒」、キー2の要素に「赤」が代入されました。

▼配列 $colors

3つの要素を持つ配列が作られた

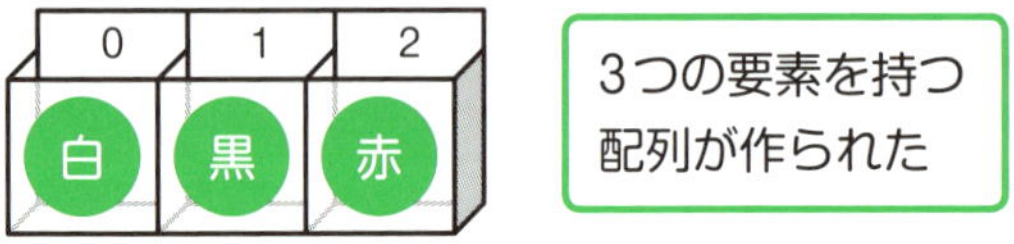

④ array() を使う方法（連想配列の場合）

キーが文字列である連想配列の場合は、指定のしかたがちょっと複雑になります。

▼構文：array()の使い方

```
$配列名 = array( キー① => 値① , … );
```

キーのあとに「=>」（半角のイコールと不等号）、続いて代入する値を書きます。複数のキーと値がある場合は、カンマで区切ります。

```
$colors = array('white' => '白', 'black' => '黒', 'red' => '赤');
```

これで$colorsという名前の配列が作成され、キーwhiteの要素に「白」、キーblackの要素に「黒」、キーredの要素に「赤」が代入されました。

▼配列 $colors

指定したキー名で配列が作られた

3 値の代入方法、利用方法

配列の使い方——代入と利用

要素にデータを代入する方法と、代入したデータを利用する方法を学びます。

配列の要素に値を代入するには？

配列の要素に値を代入するには、配列名とキー名を使います。すでに何か値が入っていれば、上書きされます。

```
<?php
$colors[0] = 'しろ';
$colors['white'] = 'しろ';
?>
```

存在しないキーを指定したときは、新しい要素が作られ、値が代入されます。

配列の要素を利用するには？

配列の要素を利用するには、**配列名とキー名**を使います。たとえば、echo文で$colors['white']という要素を利用したいときにはこのように書きます。

```
<?php
$colors['white'] = '白';
echo $colors['white'];
?>
```

2次元配列の作り方、使い方

2次元配列、代入方法、利用方法

配列の要素の中に、さらに配列を入れることもできます。入れ子になった配列のことを2次元配列といいます。

要素に配列を入れるには？

配列の要素の中には、数値や文字列といった単一のデータだけでなく、配列を代入することもできます。たとえば、以下のような配列 $answer があります。要素は3つ、キーは handle、sex、device です。

```
<?php
$answer['handle'] = '';
$answer['sex'] = '';
$answer['device'] = '';
?>
```

▼配列 $answer

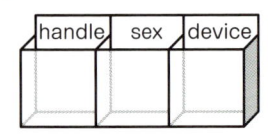

3つの要素を持つ配列が作られた

この配列の、キーがdeviceの要素に、以下のように値を代入すると、配列が作成されます。

```
<?php
$answer['device'][] = 'pc';
$answer['device'][] = 'phone';
$answer['device'][] = 'other';
?>
```

▼配列 $answer

要素の中に配列が作られた

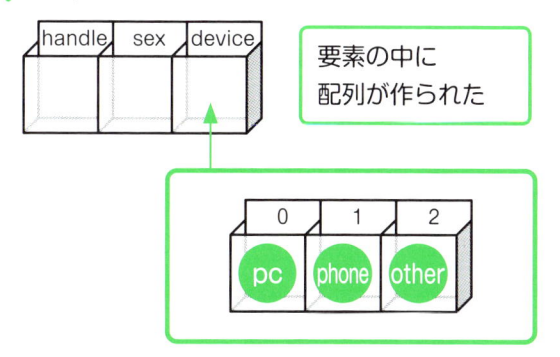

このように配列の中に配列が入って、入れ子状になった配列のことを、**2次元配列**といいます。

2次元配列の要素を利用するには？

2次元配列の要素を利用するには、配列名とキー名を使います。たとえば、echo文で2次元配列 $answer の device 要素の先頭要素に入った値を利用したいときには、このように書きます。

```php
<?php
echo $answer['device'][0];
?>
```

▼2次元配列の要素の利用方法

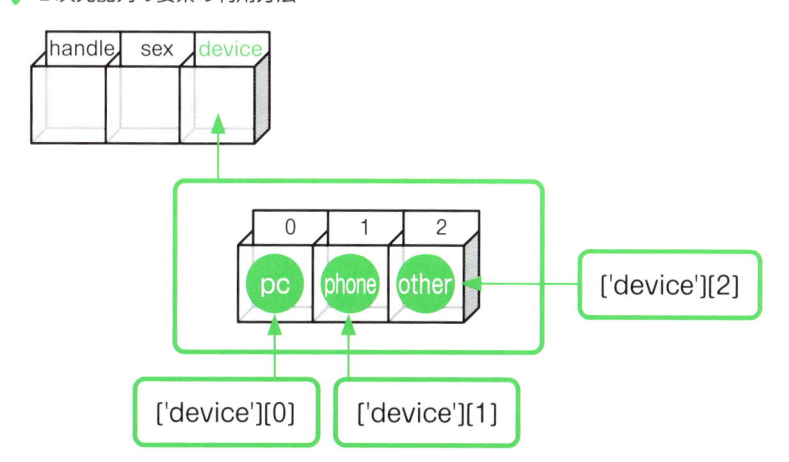

74 | 0 Day   1 Day   2 Day

Day 1 Lesson 5

PHP の文法④
──条件文

このレッスンでは、条件によって違う処理を実行したいときに使う条件文のしくみと使い方を学びます。

1　if文
2　if～else文
3　if～elseif～else文
4　switch文
5　条件式の書き方
6　代数演算子

条件文①

if 文

1つ目の条件文は if 文です。if は英語で「もし〜なら」という意味ですが、PHP でも同じような意味で使われています。

if 文の書き方

if文は、ある処理を実行するかしないか、条件によって選択したいときに使う構文です。if文はこのように書きます。閉じ波カッコの後にセミコロンはいりません。

▼構文：if 文

```
if (条件式) {
    trueのときに実行する処理
}
```

条件式が成り立つとき（trueのとき）は、処理を実行します。

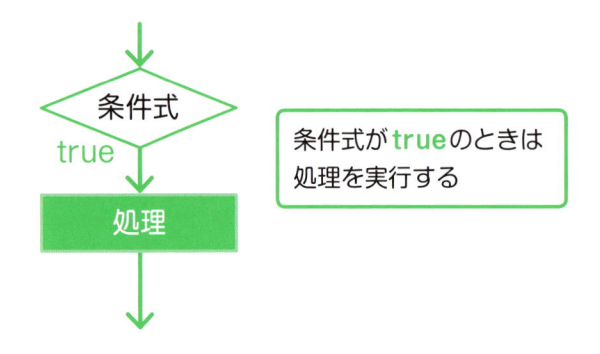

条件式が **true** のときは処理を実行する

逆に、条件式が成り立たないとき（falseのとき）は、処理をスキップします。

```
    ↓
  ╱条件式╲────false
  ╲    ╱      │
    ⋮         │
  ┌────┐      │
  │処理│      │
  └────┘      │
    ⋮         │
    ↓←────────┘
```

条件式が false のときは
処理を実行しない

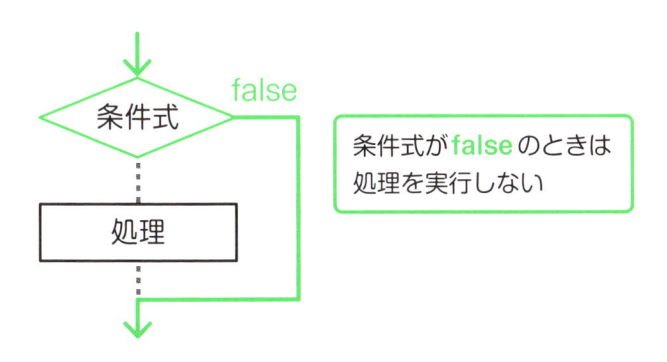

if 文を使ったサンプルプログラム

　if 文を使ってプログラムを書いてみましょう。以下のスクリプトを入力して、ファイル名：if.php、文字コード：UTF-8N で、3days フォルダに保存してください。

▼ if 文のサンプルプログラム（if.php）

```
1  <?php
2  $number = 3;
3  if ($number == 3) {
4      echo '変数 $number の数値は 3';
5  }
6  ?>
```

※ html 要素、head 要素、body 要素は省略していますが、これまで同様に書いてください。

▼ http://localhost/3days/if.php

　　変数 $number の数値は 3

このようなテキストが
表示されれば OK

　2 行目で、変数 $number に、数値 3 を代入しています。
　3 行目の if 文の条件式は「$number は 3 と等しい」という意味です。変数 $number の値が 3 なら、条件式は true となり、4 行目が実行されます。値が 3 でなければ false となり、4 行目は実行されず、ブラウザには何も表示されません（条件式の詳しい書き方は、p.84 で説明します）。

条件文②

if ～ else 文

2つ目の条件文は、if ～ else（イフ エルス）文です。else は英語で「それ以外の場合は」という意味です。

if ～ else 文の書き方

if ～ else 文は、条件式が false となった場合の処理を、付け足して書きたいときに使う構文です。

▼構文：if ～ else 文

```
if (条件式) {
    trueのときに実行する処理①
} else {
    falseのときに実行する処理②
}
```

条件式が true のときは、処理①を実行します。

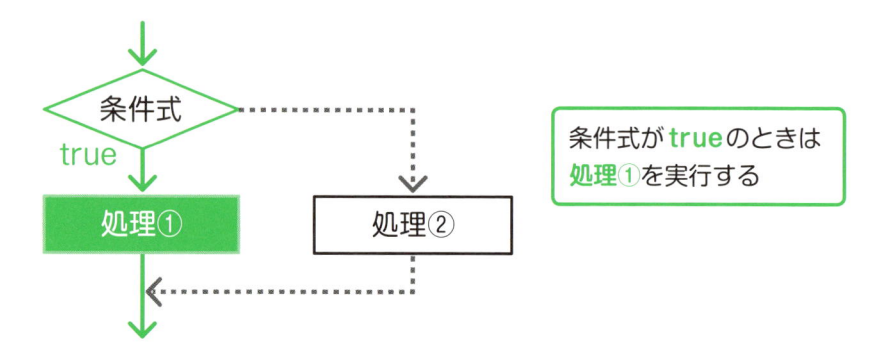

条件式が**true**のときは
処理①を実行する

逆に、条件式が false のときは、処理②を実行します。

条件式が false のときは
処理②を実行する

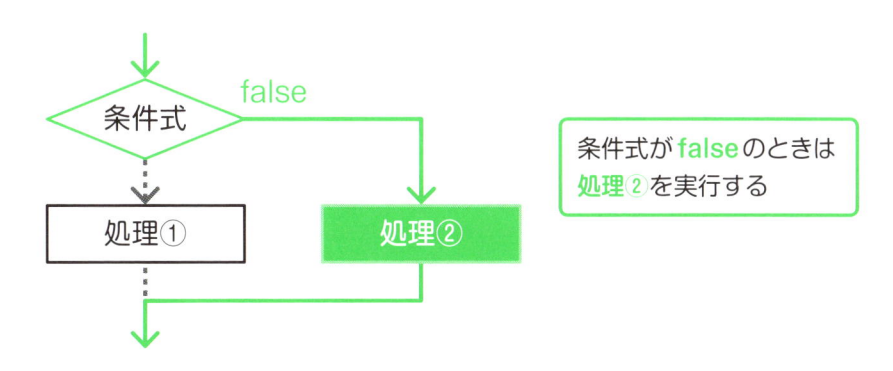

if 〜 else 文のサンプルプログラム

if 〜 else 文を使ってサンプルプログラムを書いてみましょう。以下のスクリプトを入力して、ファイル名：if-else.php、文字コード：UTF-8N で、3daysフォルダに保存してください。

▼ if 〜 else 文のサンプルプログラム（if-else.php）

```
1  <?php
2  $number = 4;
3  if ($number == 3) {
4     echo ' 変数 $number の数値は 3 ';  // 処理 1
5  } else {
6     echo ' 変数 $number の数値は 3 ではない ';  // 処理 2
7  }
8  ?>
```

※html 要素、head 要素、body 要素は省略していますが、これまで同様に書いてください。

ブラウザで http://localhost/3days/if-else.php を表示すると、テキストが表示されます。

このようなテキストが表示されればOK

変数$numberの数値は3ではない

3 条件文③

if 〜 elseif 〜 else 文

3つ目の条件文は、if 〜 elseif 〜 else 文です。これまでに学んだ if 〜 else 文より、さらに細かく条件分岐をさせたいときに使います。

if 〜 elseif 〜 else 文の書き方

if 〜 elseif 〜 else 文は、条件によって、さらに細かく実行したい処理を選択したいときに使う構文です。

▼ 構文：if 〜 elseif 〜 else 文

```
if (条件式A) {
    処理①
} elseif (条件式B) {
    処理②
} else {
    処理③
}
```

条件式Aがtrueのときは、処理①を実行します。
条件式Aがfalseで条件式Bがtrueのときは、処理②を実行します。
条件式Aと条件式Bがfalseのときは、処理③を実行します。

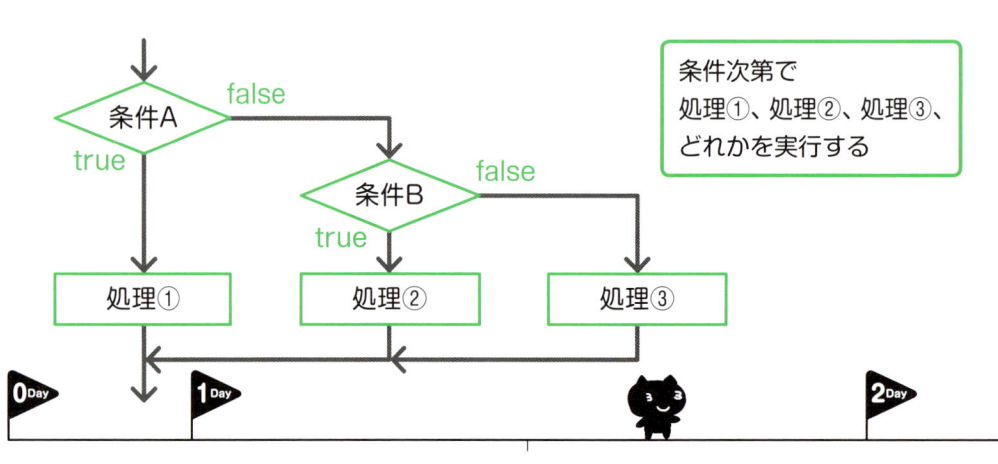

条件次第で処理①、処理②、処理③、どれかを実行する

if 〜 elseif 〜 else 文のサンプルプログラム

　サンプルプログラムを使って、実際に if 〜 elseif 〜 else 文の動作を確認してみましょう。スクリプトを入力して、ファイル名：if-elseif-else.php、文字コード：UTF-8Nで、3daysフォルダに保存してください。

▼ if 〜 elseif 〜 else 文のサンプルプログラム（if-elseif-else.php）

```php
 1  <?php
 2  $number = 1;
 3  if ($number == 3) { // 条件式A
 4     echo '入力した数値は3ですね'; // 処理1
 5  } elseif ($number > 3) { // 条件式B
 6     echo '入力した数値は3より大きいですね'; // 処理2
 7  } else {
 8     echo '入力したデータは3より小さいですね'; // 処理3
 9  }
10  ?>
```

※html要素、head要素、body要素は省略していますが、これまで同様に書いてください。

　2行目で、変数$numberに数値1を代入しています。

　3行目の条件式Aは「$numberは3と等しい」という意味です。変数$numberの値は1ですので、条件式Aはfalseとなり、4行目をスキップし、5行目に行きます。

　5行目の条件Bは「$number > 3」、すなわち「nは3より大きい」です。この条件式もfalseとなり、4〜6行目をスキップして7行目に行きます。

　最終的に、else以下の処理が実行され、プログラムは終了となります。

▼ http://localhost/3days/if-elseif-else.php

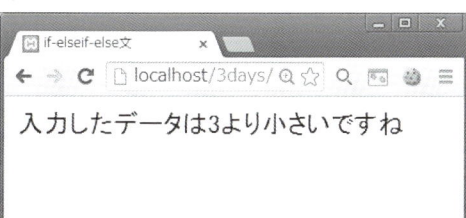

このようなテキストが表示されればOK

条件文④

switch 文

最後の条件文は switch 文です。選択肢が多い場合の条件分岐によく使われます。

switch 文の書き方

switch 文は、複数の選択肢の中から、条件に合う処理を選択して実行したいときに使う構文です。選択肢が多いときには、if〜elseif〜else 文よりも簡潔に書くことができます。

▼構文：switch 文

```
switch (条件式) {
  case ラベル① :
    処理①
    break;
  case ラベル② :
    処理②
    break;
  case ラベル③ :
    処理③
    break;
  default :
    処理④
}
```

switch 文は、条件の値と、case のあとに書かれた値（ラベル）を、上から順番に比較していき、一致するラベルがあれば、その case の処理を実行します。
処理の中に break 文があれば、switch 文の実行を終了し、switch 文の次の文に移ります。break 文がなければ、他に一致するラベルがないか、比較を続けます。
1つも一致するラベルがなければ、default 文の処理を実行します。

default文がなければ、switch文の実行を終了し、次の文に移ります。
なお、caseのラベルと処理は、いくつでも書くことができます。

switch文を使ったサンプルプログラム

サンプルプログラムを使って、実際にswitch文の動作を確認してみましょう。以下のスクリプトを入力して、ファイル名：switch.php、文字コード：UTF-8Nで、3daysフォルダに保存してください。

▼ switch文のサンプルプログラム（switch.php）

```php
1   <?php
2   $number = 3;
3   switch ($number) {
4     case 1 :
5       echo "数値は1です。"; // 処理①
6       break;
7     case 2 :
8       echo "数値は2です。"; // 処理②
9       break;
10    case 3 :
11      echo "数値は3です。"; // 処理③
12      break;
13    default :
14      echo "数値は1、2、3以外です。"; // 処理④
15  }
16  ?>
```

※html要素、head要素、body要素は省略していますが、これまで同様に書いてください。

変数$numberに入力された値が1なら処理①が実行されます。2なら処理②が、3なら処理③が実行されます。それら以外の値が入力された場合は、処理④が実行されます。

▼ http://localhost/3days/switch.php

数値は3です。

このようなテキストが表示されればOK

5 比較演算子、論理演算子、trueやfalseになる値

条件式の書き方

条件文の条件である条件式を書くには、比較演算子や論理演算子を使います。

条件式とは？

条件文や繰り返し文の条件を書くのに使う式のことを、**条件式**といいます。すでにサンプルプログラムで使った「n == 3」や「n > 3」や「n < 3」が条件式です。この条件式の中の「==」「>」「<」といった記号のことを**比較演算子**といいます。

比較演算子

比較演算子には、以下のような種類があります。

演算子	名前	条件式が true になる場合
<	より小さい	左辺の値が、右辺の値より**小さい**とき
<=	より小さいか等しい	左辺の値が、右辺の値**以下**のとき
>	より大きい	左辺の値が、右辺の値より**大きい**とき
>=	より大きいか等しい	左辺の値が、右辺の値**以上**のとき
==	等しい	左辺の値が、右辺の値と**等しい**とき
!=	等しくない	左辺の値が、右辺の値と**等しくない**とき
===	型も値も等しい	左辺と右辺の、**値とデータ型が等しい**とき
!==	型か値が等しくない	右辺と左辺の、少なくとも**値かデータ型が等しくない**とき

論理演算子

論理演算子は、より複雑な条件式を書くときに使う演算子です。比較演算子で作った条件式と組み合わせて使います。

演算子	名前	条件式が true になる場合	使用例
and	論理積	左右の式が両方とも true のとき	(a > 3) **and** (b < 10)
or	論理和	左右の式のどちらかが true のとき	(a < 3) **or** (b > 10)
xor	排他的論理和	左右の式のどちらか一方だけが true のとき	(a < 3) **xor** (n > 10)
!	否定	元の式が false のとき	**!**(a == 3)
&&	論理積	左右の式が両方とも true のとき	(a > 3) **&&** (b < 10)
||	論理和	左右の式のどちらかが true のとき	(a < 3) **||** (b > 10)

　論理和と論理積の演算子がそれぞれ2つありますが、優先順位が異なります。同じ式の中で同時に使われた場合、&&はandより優先順位が高く、||はorよりも優先順位が高くなります。

比較演算子以外を使った条件式

　条件文や繰り返し文の条件式には、比較演算子や論理演算子だけでなく、文字列や数値などの値を使うこともできます。値を使った場合、trueとfalseは以下のように判定されます。

	true になる場合	false になる場合
整数	0 以外の数値	0、NaN（0 を 0 で割った値など）
浮動小数点数	0.0 以外の数値	0.0
文字列	1 文字以上の文字列	空文字（'' や "" など 0 文字の文字列）、'0'、"0"
論理値	true	false
配列	要素の数が 1 以上	要素の数がゼロ
その他		null

6 数値の計算

代数演算子

数値の計算に使う「+」や「−」などの記号のことを、「代数演算子」といいます。

よく使うおもな代数演算子

数値の計算によく使う算術演算子には、以下のような種類があります。

演算子	名前	機能
+	プラス	足す（加算）
−	マイナス	引く（減算）
*	アスタリスク	掛ける（乗算）
/	スラッシュ	割る（除算）
%	パーセント	余りを求める（除算の剰余）
**	アスタリスク2つ	累乗を求める

スクリプトでの使い方はこのようになります。

```php
<?php
$result = array();
$result[] = 7 + 3; //10 が代入される
$result[] = 7 - 3; //4 が代入される
$result[] = 7 * 3; //21 が代入される
$result[] = 7 / 3; //2.3333333333333 が代入される
$result[] = 7 % 3; //1 が代入される
$result[] = 7 ** 3; //343 が代入される
echo implode(',', $result);
?>
```

MEMO

1つの文の中に複数の算術演算子がある場合は、基本は先頭から順番に計算されますが、「*」「/」「%」があれば、それらが先に計算されます。

Day 1 Lesson 6

PHP の文法⑤
──繰り返し文

このレッスンでは、同じ処理を繰り返したいときに使う繰り返し文のしくみと使い方を学びます。

1 while文
2 for文
3 do～while文
4 インクリメント演算子と
   デクリメント演算子

while 文

繰り返し文①

1つ目の繰り返し文は while 文です。while は英語で「〜のあいだ」という意味ですが、PHP でも同じく、「ある条件が成り立っているあいだ」という意味合いで使われています。

while 文の書き方

while 文は、同じ処理を繰り返し実行したいときに使う構文です。プログラミング用語では、繰り返しのことを「ループ」と言ったりもしますので、while ループと呼ばれることもあります。

▼ 構文：while 文

```
while（条件式）{
    処理
}
```

条件式が true のあいだは、何度も処理が繰り返されます。

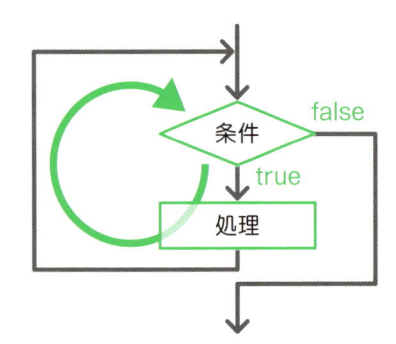

条件式が true のあいだは繰り返し処理を実行する

while文を使ったサンプルプログラム

サンプルプログラムでwhile文の動作を確認してみましょう。以下のスクリプトを入力して、ファイル名：while.php、文字コード：UTF-8Nで、3daysフォルダに保存してください。

▼ while文のサンプルプログラム（while.php）

```
1  <?php
2  $i = 0;
3  while ($i < 3) {
4    echo "<p>変数の値は{$i}</p>";
5    $i++;
6  }
7  ?>
```

※html要素、head要素、body要素は省略していますが、これまで同様に書いてください。

プログラムを実行すると、以下のような画面が表示されます。

▼ http://localhost/3days/while.php

変数の値は0
変数の値は1
変数の値は2

文字列が3行表示される

サンプルプログラムの解説

[1回目の確認] 変数$iの値は0の状態で、while文の条件式の確認に入ります。

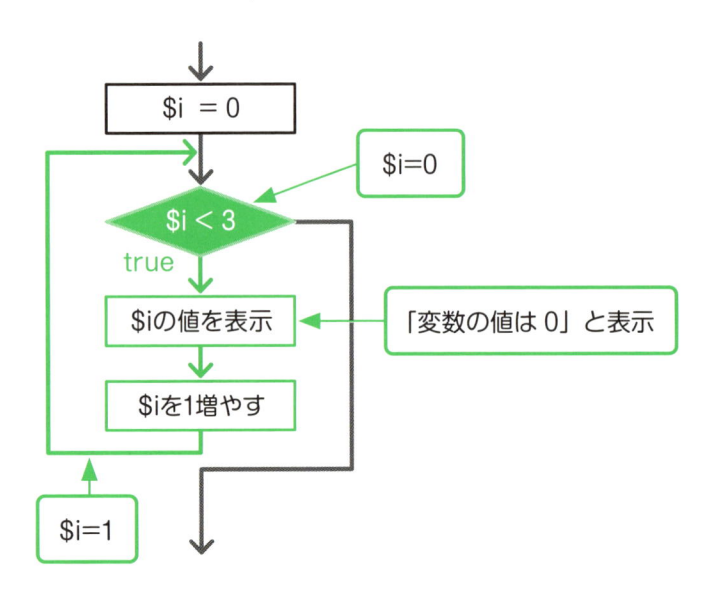

```
     ↓
  ┌────────┐
  │ $i = 0 │
  └────────┘
     ↓
  ┌──────────┐      ┌─────────┐
  │ $i < 3   │◀─────│ $i=0    │
  │  true    │      └─────────┘
  └──────────┘
     ↓
  ┌──────────────┐  ┌────────────────────┐
  │ $iの値を表示  │◀─│「変数の値は0」と表示│
  └──────────────┘  └────────────────────┘
     ↓
  ┌──────────────┐
  │ $iを1増やす   │
  └──────────────┘
     ↑
  ┌──────┐
  │ $i=1 │
  └──────┘
```

　条件は「変数$iが3より小さい」です。この時点では、**変数$iは0**なので、条件は**true**、よって以下の処理（4行目と5行目）が実行されます。

　1つめの文は、画面にその時点の**変数$iの値を表示する文**です。2つめの文は、**$iの値を1つ増やす文**です（「++」の意味と使い方はp.99で説明します）。

　「変数の値は0」と画面に表示され、$iの値が1増えて1になり、再び条件式の確認（3行目）に戻ります。

> **MEMO**
>
> この変数$iのことを、**カウンタ**（カウンタ変数）と呼びます。繰り返しの回数をカウントする役割を果たしているからです。

[2回目の確認] 変数$iの値が1の状態で、while文の条件の確認に入ります。

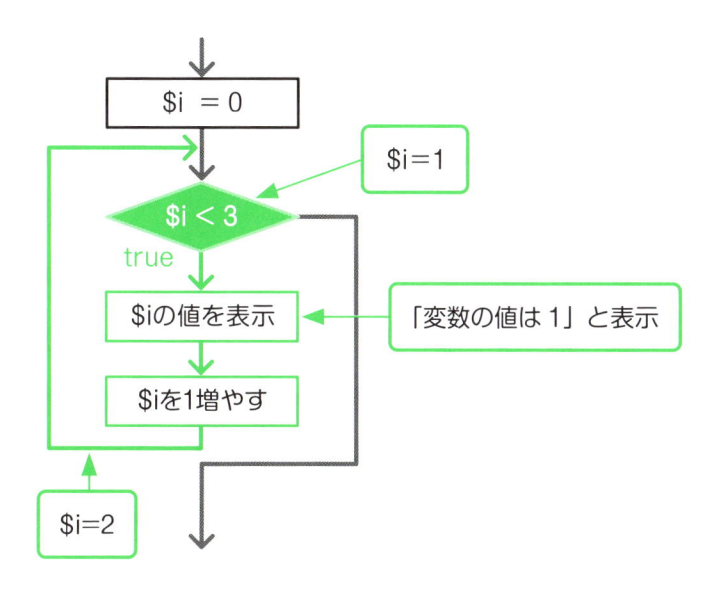

```
        ↓
    ┌─────────┐
    │ $i = 0  │
    └─────────┘
        ↓
  ┌──◆ $i < 3 ◆──     ← $i=1
  │    true │
  │     ↓
  │ ┌─────────────┐
  │ │ $iの値を表示 │ ←  「変数の値は1」と表示
  │ └─────────────┘
  │     ↓
  │ ┌─────────────┐
  │ │ $iを1増やす  │
  │ └─────────────┘
  │     ↓
  └─────┘
   ↑
  $i=2    ↓
```

この時点の**変数$iの値は1**ですので、条件は**true**です。よって処理が実行されます。「変数の値は1」と画面に表示され、$iの値が1増えて2になってから、再び条件に戻ります。

[3回目の確認] 変数$iの値が2の状態で、while文の条件の確認に入ります。

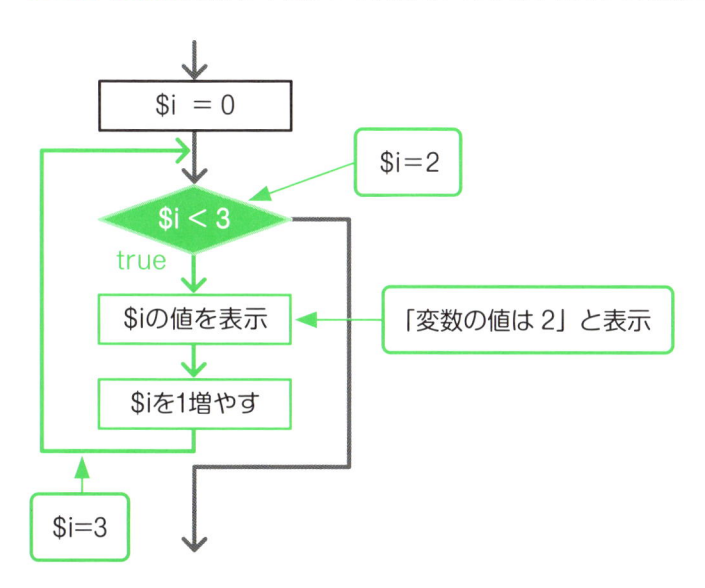

```
        ↓
    ┌─────────┐
    │ $i = 0  │
    └─────────┘
        ↓
  ┌──◆ $i < 3 ◆──     ← $i=2
  │    true │
  │     ↓
  │ ┌─────────────┐
  │ │ $iの値を表示 │ ←  「変数の値は2」と表示
  │ └─────────────┘
  │     ↓
  │ ┌─────────────┐
  │ │ $iを1増やす  │
  │ └─────────────┘
  │     ↓
  └─────┘
   ↑
  $i=3    ↓
```

この時点の**変数$iの値は2**ですので、条件は**true**です。よって処理が実行されます。「変数の値は2」と画面に表示され、$iの値が1増えて3になってから、再び条件に戻ります。

[4回目] 変数$iの値が3の状態で、while文の条件の確認に入ります。

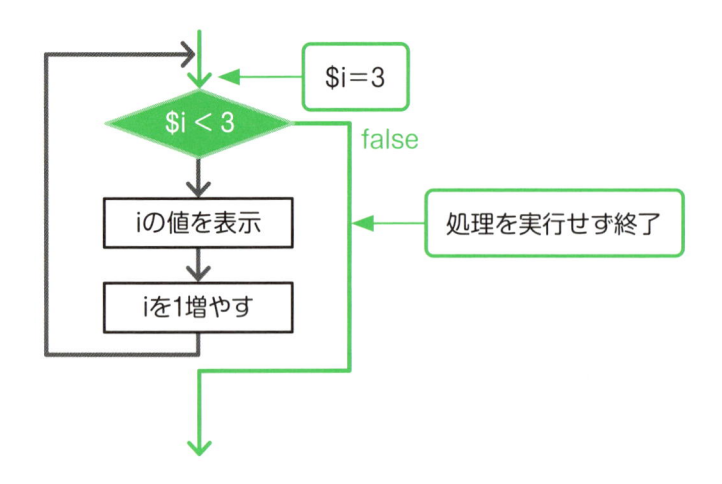

```
          ┌──────┐
          ↓      │
       ◇$i＜3◇──── false ──→ 処理を実行せず終了
          │
          ↓
     iの値を表示
          │
          ↓
     iを1増やす
          │
          └──────→
```

$i＝3

この時点の**変数$iの値は3**です。ここで異変が起こります。**条件「$iが3より小さい」が成り立たない（false）**のです。条件がfalseになったので次の処理は実行されず、スキップされて、while文は終了します。

COLUMN

無限ループ

繰り返し文では条件の設定がもっとも重要なのですが、それと同じぐらい大事なのが、5行目の「$i++;」です。この文は変数$iの値を1つずつ増やす役割をになっています。この文がないと、どうなるでしょうか？

変数$iは0のままなので、while文は永遠に実行され続け、画面には果てしなく「変数の値は0」という文が表示されるでしょう。このような状態を**無限ループ**といいます。

Chromeで無限ループのプログラムを実行すると、ブラウザがフリーズ（動かなくなって操作できなくなる）状態になります。フリーズしたら、ブラウザをいったん終了してください。

繰り返し文を使うときには、目的の回数実行したらプログラムが終了するような条件になっているか、確認しましょう。

2 繰り返し文②

for 文

2つ目の繰り返し文は for 文です。for も英語では「〜のあいだ」という意味です。while 文と同じく、「ある条件が成り立っているあいだ」繰り返す繰り返し構文です。

for 文の書き方

for 文も、同じ処理を繰り返し実行したいときに使う構文です。for ループと呼ばれることもあります。while 文と違うのは、最初に「カウンタ初期値の設定」「条件式」「カウンタ値の更新」の3つを同時に指定できるようになっているところです。

▼構文：for 文

```
for (初期値; 条件式; 更新) {
    処理
}
```

while 文と同じで、条件が true のあいだは、何度も処理が繰り返されます。

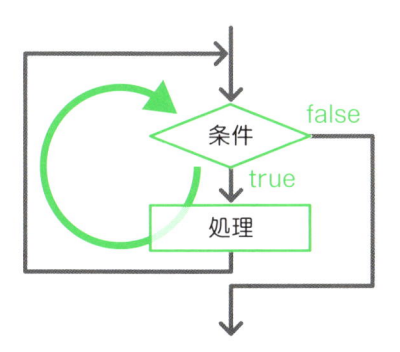

条件が true のあいだは繰り返し処理を実行する

for 文を使ったサンプルプログラム

サンプルプログラムで for 文の動作を確認してみましょう。以下のスクリプトを入力して、ファイル名：for.php、文字コード：UTF-8Nで、3daysフォルダに保存してください。

▼ for 文のサンプルプログラム（for.php）

```php
1  <?php
2  for ($i = 0; $i < 3; $i++) {
3    echo "<p>変数の値は {$i}</p>";
4  }
5  ?>
```

※ html要素、head要素、body要素は省略していますが、これまで同様に書いてください。

MEMO

for文の「$i++」のあとにはセミコロン（;）はいりません。付けるとエラーになります。

プログラムを実行すると、以下のような画面が表示されます。

▼ http://localhost/3days/for.php

変数の値は0
変数の値は1
変数の値は2

文字列が3行表示される

while 文と for 文の違い

　このプログラムの動作自体は、while 文のサンプルプログラムとまったく同じですので、前のセクションを見ていただくとして、代わりに、while 文と for 文の違いと、for 文の注意点を説明しておきます。
　for 文では、while 文の前にあった「$i = 0;」と5行目の「$i++」が、for 文のカッコの中に移動してきています。

▼ while 文から for 文へ

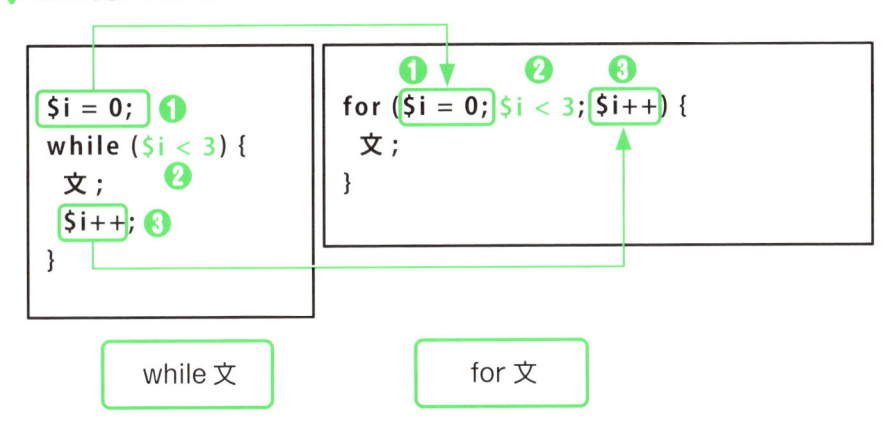

```
$i = 0;  ❶
while ($i < 3) {
  文;     ❷
  $i++;  ❸
}
```
while 文

```
      ❶      ❷      ❸
for ($i = 0; $i < 3; $i++) {
  文;
}
```
for 文

　for 文では「$i++」が処理ブロックの前に来ていますが、$i の値が1増えるのは処理ブロックが実行されたあと (while 文と同じ) なので、この点勘違いしないようにしましょう。
　while 文と for 文、どちらを使うかですが、動作も実行結果も同じですので、好きな方を使っていただいてかまいません。繰り返しを回数で指定したい場合は、for 文を使うといいでしょう。たとえば5回繰り返したいときは「$i = 0; $i < 5; $i++」、30回繰り返したいときは「$i = 0; $i < 30; $i++」などと書きます。

Day 1 Lesson 6 PHPの文法⑤──繰り返し文

3 繰り返し文③

do ～ while 文

3つ目の繰り返し文は do ～ while 文です。名前が while 文と似ていますが、動作はちょっと異なります。間違えないように、違いを意識して覚えましょう。

do ～ while 文の書き方

do ～ while 文も、処理を繰り返し実行したいときに使う構文です。do ～ while ループとも呼ばれます。while 文ではブロックの前にあった「while (処理)」がブロックの後ろに来ています。

▼ 構文：while 文

```
do {
    処理
} while (条件式)
```

while 文と同じく、条件が成り立っているあいだは、何度も処理が繰り返されます。

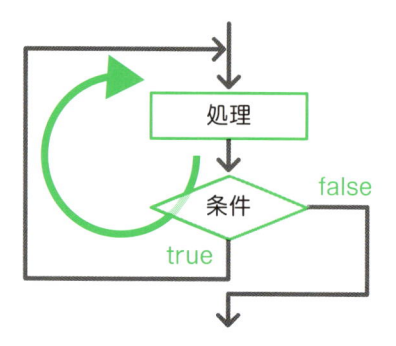

条件が true のあいだは
何度でも処理を実行する

do 〜 while 文を使ったサンプルプログラム

サンプルプログラムで do 〜 while 文の動作を確認してみましょう。以下のスクリプトを入力して、ファイル名：do-while.php、文字コード：UTF-8Nで、3daysフォルダに保存してください。

▼ do 〜 while 文のサンプルプログラム（do-while.php）

```
1  <?php
2  $i = 0;
3  do {
4    echo "<p>変数の値は{$i}</p>";
5    $i++;
6  } while ($i < 0)
7  ?>
```

※html要素、head要素、body要素は省略していますが、これまで同様に書いてください。

プログラムを実行すると、以下のような画面が表示されます。

▼ http://localhost/3days/do-while.php

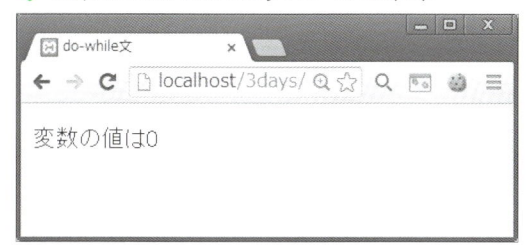

文字列が1行表示される

while 文と do 〜 while 文の違い

間違いがちなwhile文とdo 〜 while文の違いを説明しておきます。do 〜 while文は、条件の判定がブロックの後ろに来ているため、**条件式がfalseであっても最低1回は処理が実行**されます。

▼ while 文

```
$i = 0
  ↓
$i < 0  ─false→ 実行されない
  ↓
$iの値を表示
  ↓
$iを1増やす
  ↓(ループ)
```

▼ do ～ while 文

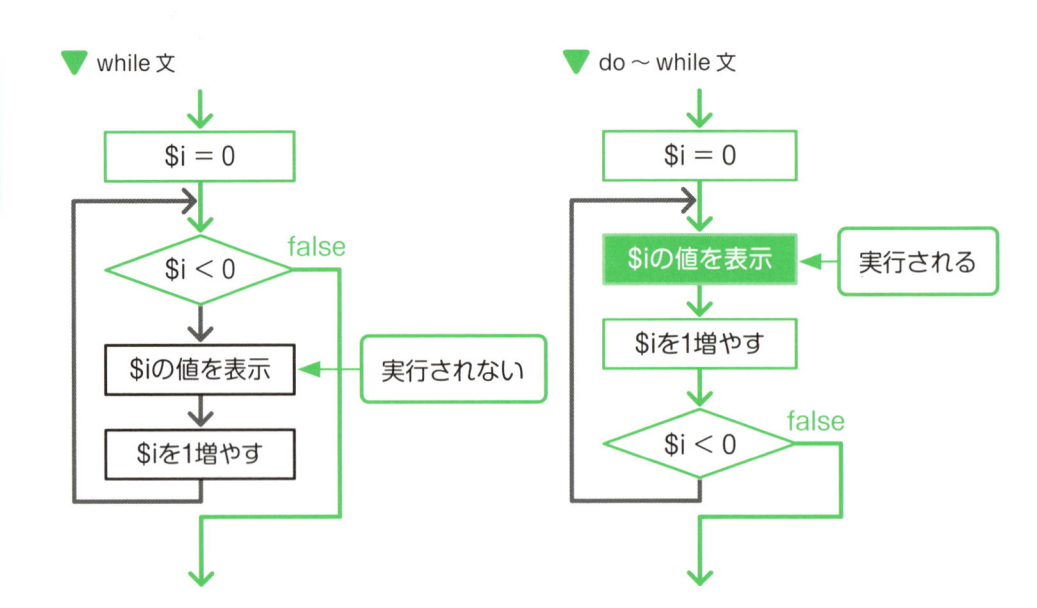

```
$i = 0
  ↓
$iの値を表示 ← 実行される
  ↓
$iを1増やす
  ↓
$i < 0  ─false→
  ↓(ループ)
```

　これに対して、while 文は、条件式が前にあるため、条件が false の場合は処理が1回も実行されずに終わります。

④ カウンタ

インクリメント演算子とデクリメント演算子

繰り返し文のカウンタを増やしたり減らしたりするときによく使う演算子について説明します。

インクリメント演算子

インクリメント演算子は、変数の数値を1つ増やす演算子です。インクリメント (increment) は英語で、「増加」という意味です。

演算子	名前	機能
++	インクリメント演算子	変数の数値を 1 つ増やす

ソースコードでの使い方はこのようになります。

```php
$i = 1; // 変数 $i に 1 が代入される
$i++;   // 変数 $i の値が 1 つ増えて、2 になる
```

デクリメント演算子

デクリメント演算子は、変数の数値を1つ減らす演算子です。デクリメント (decrement) は英語で、「減少」という意味です。

演算子	名前	機能
--	デクリメント演算子	変数の数値を 1 つ減らす

ソースコードでの使い方はこのようになります。

```php
$i = 1; // 変数 $i に 1 が代入される
$i--;   // 変数 $i の値が 1 つ減って、0 になる
```

1日目終わり！

Day 2 Lesson 1

入力フォームを作る①——テキストボックスを使おう

このレッスンでは、テキストボックスを使った入力フォームと、送信データを表示するプログラムの作り方を学びます。

1. 入力フォームの部品の名前を知ろう
2. テキストボックスで入力フォームを作ってみよう
3. フォームの送信先と送信方法を指定しよう
4. データを表示するページを作ろう
5. 入力されたデータをエスケープ処理しよう
6. 結合演算子で文字列をつなげて出力してみよう

Day 2 Lesson 1 入力フォームを作る①――テキストボックスを使おう

1 入力フォームの部品の名前を知ろう

テキストボックス、ラジオボタン、セレクトボックスなど

まずは入力フォームでよく使われる部品の名前を把握しておきましょう。

入力フォームとは？

　入力フォームとは、ユーザからの入力を受け付けるしくみです。入力フォームを構成するおもな部品には、以下のようなものがあります。

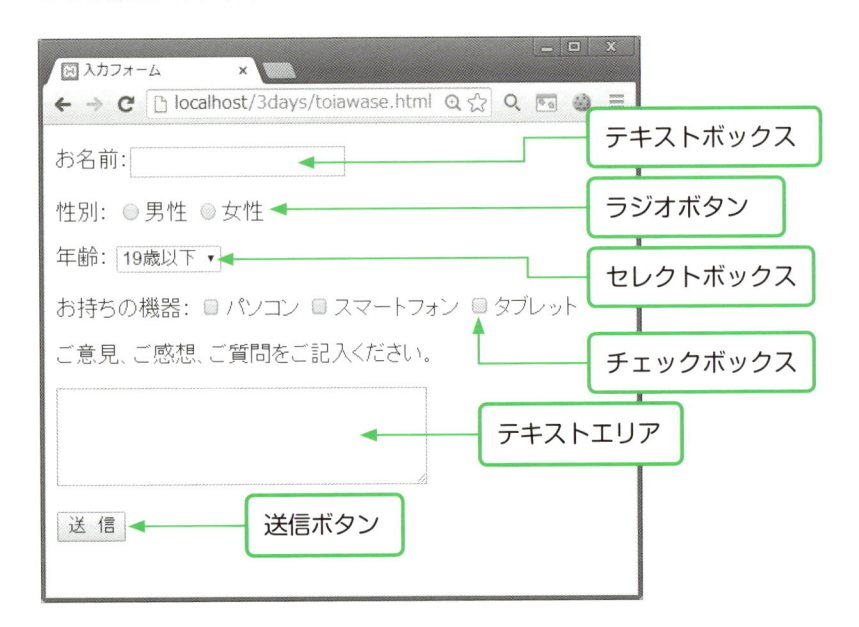

- テキストボックス
- ラジオボタン
- セレクトボックス
- チェックボックス
- テキストエリア
- 送信ボタン

　これらの入力フォームの部品はHTMLで作ります。ここに入力されたデータは、サーバに送信されます。最初に、テキストボックスと送信ボタンを使って「名前」を送信するフォームを作ってみましょう。

102

2 input要素（type属性、name属性、value属性）

テキストボックスで入力フォームを作ってみよう

テキストボックスと送信ボタンだけの、シンプルなフォームのWebページを作ってみましょう。ここではまだPHPは使いません。

フォームページを作る

　TeraPadを起動して以下のソースコードを入力してください。色文字の部分がフォームを表すソースコードです。

▼名前入力フォーム（textbox.html）

```
1   <!DOCTYPE html>
2   <html lang="ja">
3   <head>
4   <meta charset="utf-8">
5   <title> 入力フォーム </title>
6   </head>
7   <body>
8   <form>
9     <p>お名前：<input type="text" name="handle"></p>
10    <p><input type="submit" value=" 送　信 "></p>
11  </form>
12  </body>
13  </html>
```

　ファイル名を「textbox.html」、文字コードを「UTF-8N」、ファイルの種類を「.html」にして、「3days」フォルダに保存してください。
　保存したら、ブラウザで「http://localhost/3days/textbox.html」を開いてみてください。

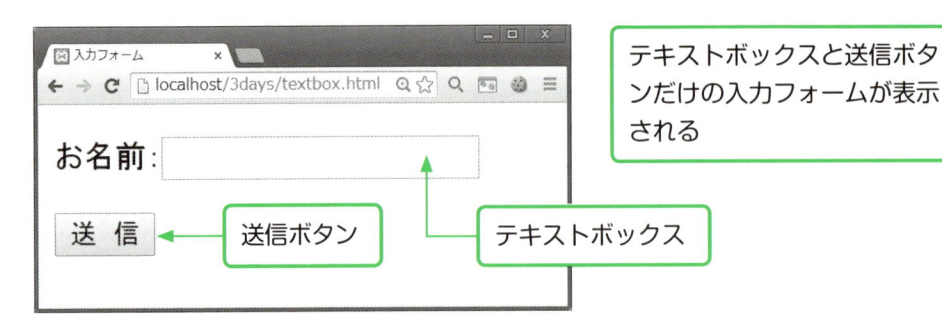

Day 2 Lesson 1 入力フォームを作る① ── テキストボックスを使おう

> テキストボックスと送信ボタンだけの入力フォームが表示される

送信ボタン / テキストボックス

続いて、いま入力したソースコードの意味を説明していきます。

テキストボックスの作り方

テキストボックスを作るには、HTMLの**input要素**を使います。input要素の開始タグには、type属性とname属性を記入します。

▼構文：input要素（テキストボックス）

```
<input type="text" name="パラメータ名">
```

type属性の値を「text」と指定すると、そのinput要素はテキストボックスになります。input要素1つにつき、入力欄が1行分、作られます。

name属性には、入力データにつける名前（**パラメータ名**）を指定します。パラメータ名は好きな名前をつけて構いません。今回は「handle」と指定しているので、入力データは「handle」という名前を付けてサーバに送信されます。ちなみにhandleとはハンドルネームの略です。

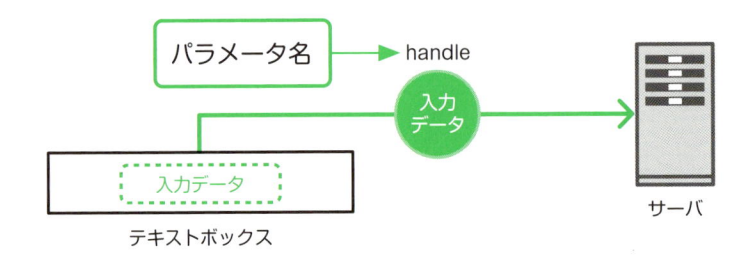

パラメータ名 → handle

テキストボックス → 入力データ → サーバ

送信ボタンの作り方

送信ボタンは、テキストボックスと同じく、**input要素**を使って作ります。

▼ 構文：input 要素（送信ボタン）

```
<input type="button" value="表面の文字">
```

type属性の値を「button」と指定すると、そのinput要素はボタンになります。
value属性の値は、ボタンの表面に表示される文字になります。今回は「送　信」と指定したので、ボタンには「送　信」と表示されています。

ボタンにはvalue属性の値が表示される

これだけだとまだ部品を作っただけで、入力データは送信できません。入力データを送信するには、form要素を適切に記述する必要があります。

form 要素の役割とは？

form要素（<form>～</form>）は、入力フォームの部品をまとめたうえで、入力されたデータを送信する機能を持った要素です。1つの入力フォームを構成する各部品は、この中に配置します。入力されたデータを送信するには、データの「送信先」と「送信方法」を指定する必要があります。

105

Day 2 Lesson 1 入力フォームを作る①——テキストボックスを使おう

3 form 要素、GET メソッド、$_GET

フォームの送信先と送信方法を指定しよう

送信先を指定するには action 属性を使い、送信方法を指定するには method 属性を使います。

action 属性で送信先を指定する

form要素の**action属性**には、送信先、すなわち「送信データを利用するファイル」のファイル名を指定します。ここでは、このあと作成する予定のPHPプログラム「**textbox.php**」を指定しておきます。

▼ 名前入力フォーム（textbox.html）

```
 8   <form action="textbox.php">
 9     <p>お名前：<input type="text" name="handle"></p>
10     <p><input type="submit" value="送　信"></p>
11   </form>
```

action 属性を追加

データが入力され、送信ボタンが押されると、**①入力データがサーバに送信**されると同時に、**②textbox.phpが呼び出される**、というしくみになっています。

▼ action 属性の役割

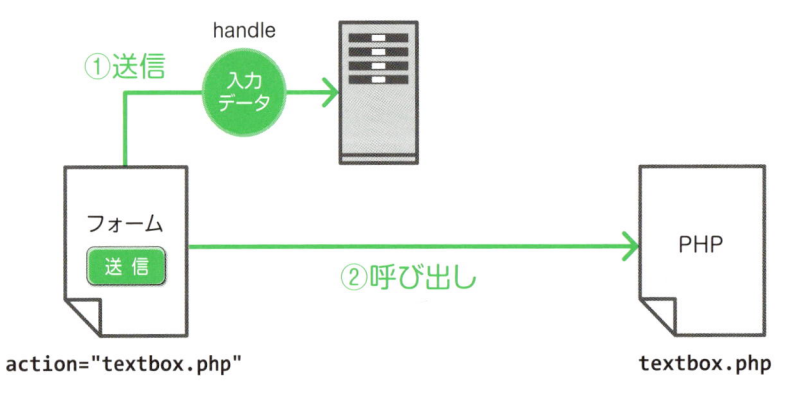

handle
①送信　入力データ
フォーム　送信
action="textbox.php"
②呼び出し
PHP
textbox.php

106

> **MEMO**
>
> まだtextbox.phpを作っていないので、今、送信ボタンをクリックすると派手なエラーが表示されますが、気にしないでください。

method属性で送信方法を指定する

method属性は、入力されたデータを「送信する方法」を指定する属性です。送信方法には、**GETメソッド**か**POSTメソッド**を指定できます。今回はGETメソッドを使いますので、「GET」と指定します。

▼ 名前入力フォーム（textbox.html）

```
 8  <form action="textbox.php" method="GET">         ← method属性を追加
 9    <p>お名前：<input type="text" name="handle"></p>
10    <p><input type="submit" value=" 送  信 "></p>
11  </form>
```

GETメソッドとは何か？

GETメソッドとは、入力データをURLの末尾にくっつけてサーバに送信する方法です。たとえば、今回のテキストボックスに「伊藤」と入力して、送信ボタンをクリックすると、このようなURLがサーバに送られます。

http://localhost/3days/textbox.html?handle=伊藤

「?」の後ろに、変数名と入力データがくっついています。つまり、「name属性の値」と「入力されたデータ」が、イコール（=）でつないで1セットになった形で、URLと一緒に送信されるのです。今回のtextbox.htmlは最終的にこのようなソースコードになります。

▼ http://localhost/3days/textbox.html

```
1  <!DOCTYPE html>
2  <html lang="ja">
3  <head>
```

Day 2 Lesson 1 入力フォームを作る① ──テキストボックスを使おう

```
4    <meta charset="utf-8">
5    <title> 入力フォーム </title>
6    </head>
7    <body>
8    <form action="textbox.php" method="GET">
9      <p>お名前：<input type="text" name="handle"></p>
10     <p><input type="submit" value=" 送　信 "></p>
11   </form>
12   </body>
13   </html>
```

入力フォームからサーバに送信されたデータは、サーバの中にあらかじめ用意されている **$_GET** という配列の要素に格納されます。

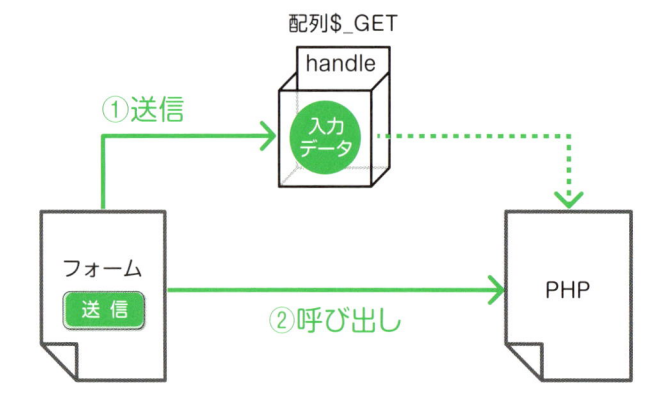

配列$_GET
handle
入力データ

①送信
②呼び出し
フォーム
送信
PHP

textbox.phpは、この配列を表示するプログラムとなります。次のセクションで作り方を説明します。

MEMO

URLの「?handle＝伊藤」の部分は、本当は「?handle=%E4%BC%8A%E8%97%A4」という文字列に変換して送信されています。このしくみをURLエンコードといいます。p.137で解説します。

④ スーパーグローバル配列、$_GET

データを表示するページを作ろう

PHPを使って、フォームから入力されたデータを表示するページを作ってみましょう。

PHPプログラムのスクリプト

　名前を表示するPHPプログラムのソースコードは以下のとおりです。色文字の部分がPHPスクリプトです。ソースコードを入力して、以下の要領で保存してください。

ファイル名：textbox.php
文字コード：UTF-8N
ファイルの種類：.php
保存場所：3daysフォルダ

▼入力データを表示するページ（textbox.php）

```
1   <!DOCTYPE html>
2   <html lang="ja">
3   <head>
4   <meta charset="utf-8">
5   <title>入力内容の確認</title>
6   </head>
7   <body>
8   <p>入力された名前：<?php echo $_GET['handle']; ?></p>
9   </body>
10  </html>
```

　保存したら、ブラウザを立ち上げて、「http://localhost/3days/textbox.html」を開き、入力フォームのページを表示してください。

Day 2 / Lesson 1　入力フォームを作る①——テキストボックスを使おう

> 名前を入力して送信ボタンをクリック

textbox.phpが呼び出されて、入力した名前が表示されます。

> 名前が表示される

$_GET とは何か？

8行目に **$_GET['handle']** とあります。「$_GET」は、GETメソッドで送信されたデータを一時的に保管しておく**配列**です。サーバの中にあらかじめ用意されています。$_GETは、プログラムとプログラムの間でデータをやり取りできる特別な配列で、**スーパーグローバル配列**といいます。

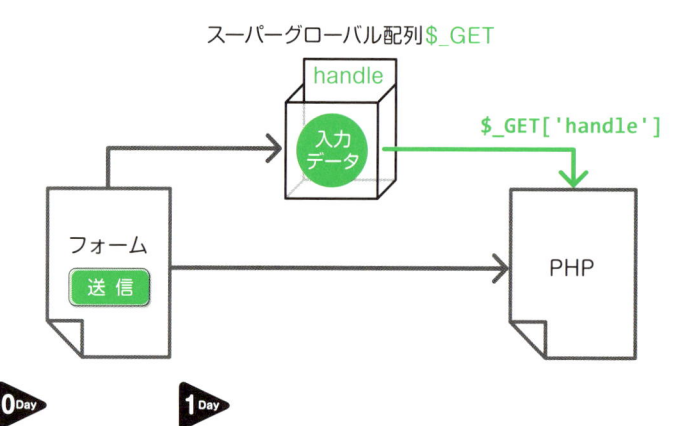

スーパーグローバル配列 $_GET

handle

$_GET['handle']

入力データ

フォーム　送信　→　PHP

そして、$_GETの中には、「handle」というキー名で要素が作られています。要素に入っているデータを利用したいときは、**$_GET['handle']**と指定します (p.71参照)。

つまり、echo $_GET['handle'];と書くと、要素handleに代入されたデータがブラウザに表示される、というわけです。

入力されても正しく表示されない文字がある!?

これで一応PHPプログラムは完成……といきたいところですが、echo $_GET['handle'];というスクリプトには、実は1つ問題があります。このままでは、入力されても正しく表示されない文字があるのです。それは、以下の文字です。

▼ 正しく表示されないことがある文字

　　< > " &

これらはHTMLのタグを書くときに使う文字なので、入力データにこれらの文字が使われている場合に、入力されたとおり正しく表示されないことがあります。たとえば、<h1>♥</h1>と入力して送信すると、ハートのh1要素に変換されて表示されてしまいます。

> 入力したとおりに表示されない

この出力部分のスクリプトをそのままにしておくと、入力データが正しく表示されないだけでなく、悪意を持ったユーザから悪用される可能性があります。この欠陥のことを**XSS(クロスサイトスクリプティング)脆弱性**といいます。

対策として、入力文字を表示する際にエスケープ処理する必要があります。

5 エスケープ処理、htmlspecialchars 関数

入力されたデータを エスケープ処理しよう

エスケープ処理には htmlspecialchars 関数を使います。

エスケープ処理とは何か？

　エスケープ処理とは、HTMLタグを記述するのに使われる文字（＜ ＞ & "）を、それぞれ「別の文字列」に置き換えて、Webページで表示されるようにする処理のことです。この「別の文字列」のことを**文字実体参照**、または**HTMLエンティティ**といいます。

▼ 文字実体参照

置き換え前の文字	置き換え後の文字（文字実体参照）
＜（半角小なり記号）	&lt;
＞（半角大なり記号）	&gt;
&（半角アンパサンド）	&amp;
"（半角ダブルクォート）	&quot;

htmlspecialchars 関数の使い方

　エスケープ処理には **htmlspecialchars関数** を使います。使い方は、エスケープ処理したい文字データが入っている変数を引数に指定すればOKです。たとえば、$_GET['handle']をエスケープ処理したいときには、このように書きます。

▼ 構文：htmlspecialchars 関数

```
htmlspecialchars($_GET['handle'])
                        ↑
                エスケープ処理したい変数、配列
```

htmlspecialchars関数を使ってtextbox.phpのスクリプトを書き直すと、このようになります。

▼ htmlspecialchars 関数を使って書き直した textbox.php

```
1   <!DOCTYPE html>
2   <html lang="ja">
3   <head>
4   <meta charset="utf-8">
5   <title> 入力内容の確認 </title>
6   </head>
7   <body>
8   <p> 入力された名前：
9   <?php
10    echo htmlspecialchars($_GET['handle']);
11  ?>
12  </p>
13  </body>
14  </html>
```

入力したとおりに表示された

入力フォームから入力されたデータを利用するときは、エスケープ処理を忘れないようにしてください。これで「テキストボックスから入力されたデータを表示するPHPプログラム」は完成です。

より確実なセキュリティ対策のためのエスケープ処理

PHPスクリプトによる出力値を、HTML要素の属性値として使う場合があります。そのような場合には、< > " &に加えて、「'」（シングルクォート）もエスケープ処理をしておくことで、より確実にクロスサイトスクリプティングに対する対策ができます。シングルクォートをエスケープ処理するには、htmlspecialchars関数の第2引数を次のように指定します。

▼構文：htmlspecialchars 関数（第2引数も指定）

```
htmlspecialchars(文字列, ENT_QUOTES)
```

また、htmlspecialchars関数の第3引数では、PHPの内部文字エンコーディングを指定できます。

▼構文：htmlspecialchars 関数（第3引数も指定）

```
htmlspecialchars(文字列, ENT_QUOTES, '文字コード')
```

第3引数で文字コードを指定しておかないと、htmlspecialchars関数の処理が正しく行われず、脆弱性となる場合があるので、たとえば、'UTF-8'と指定します。本書では必要最小限の簡略な方法で書いていますが、みなさんがご自分でプログラムを作る場合は、htmlspecialchars関数では第2引数、第3引数も指定する方法で記述するようにしてください。

> **MEMO**
>
> **サニタイズ**
> htmlspecialchars関数を使ってエスケープ処理することを**サニタイズ（消毒、無毒化）**と呼ぶことがあります。入力データを表示する際にサニタイズしておけば、XSS脆弱性を狙ってHTMLソースコードやJavaScriptのコードを入力されても、実行を阻止することができます。

6 結合演算子

結合演算子で文字列をつなげて出力してみよう

いくつかの文字列を連結するには、結合演算子というものを使います。PHPプログラムではとてもよく使うテクニックです。

textbox.php を書き換えてみる

textbox.phpは、pタグとPHPスクリプトが入れ子になっていて、多少複雑になっています。

▼ textbox.php

```
8   <p> 入力された名前：
9   <?php
10    echo htmlspecialchars($_GET['handle']);
11  ?>
12  </p>
```

この部分はHTMLタグもまとめてPHPのecho文で出力するように書き換えることが可能です。

```
8   <?php
9     echo '<p> 入力された名前：' . htmlspecialchars($_GET['handle'])
    . '</p>';
10  ?>
```

ちょっとスッキリした感じがしませんか？　ここで使ったテクニックを**文字列の連結**といい、連結に使っている**ピリオド(.)**のことを**結合演算子**といいます。

Day 2 Lesson 1 入力フォームを作る① ── テキストボックスを使おう

結合演算子の使い方

文字列Aと文字列Bを連結するには、このように書きます。

▼構文：結合演算子

```
文字列A  .  文字列B
```

すでに出てきていますが、'<p>入力された名前：'とhtmlspecialchars($_GET['handle'])と'</p>'を連結して1つにするには、このように書きます。

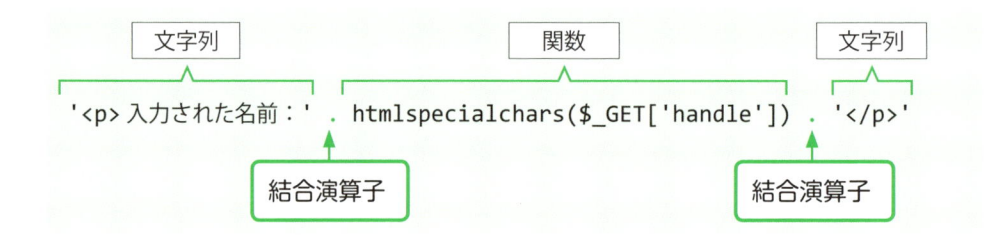

```
 '<p>入力された名前：' . htmlspecialchars($_GET['handle']) . '</p>'
   └─ 文字列 ─┘         └─ 関数 ─┘              └ 文字列 ┘
              ↑結合演算子                       ↑結合演算子
```

連結する文字列は**シングルクォートかダブルクォートで囲む**ことを忘れないようにしてください。HTMLのタグも文字列です。

逆に、関数や変数や配列は、シングルクォートやダブルクォートで囲まずに、直接書かないと、思いどおりに表示されませんので注意してください。

Day 2 Lesson 2

入力フォームを作る②——ラジオボタンを使おう

このレッスンでは、ラジオボタンを使った入力フォームと、送信データのセキュリティチェックをするスクリプトの書き方を学びます。

1 ラジオボタンのしくみ
2 ラジオボタンで性別入力フォームを作ろう
3 ラジオボタンのデータが正しいものか検証するには？

Day 2 Lesson 2 入力フォームを作る② ──ラジオボタンを使おう

1 input要素（radio）、ラジオボタンのグループ化

ラジオボタンのしくみ

ラジオボタンのしくみ、作り方、使い方を説明します。

ラジオボタンとは？

　ラジオボタンとは、複数の選択肢からどれか1つを選んで送信してもらうための入力フォーム部品です。クリックした選択肢がONになります。

> 2つの選択肢がある
> ラジオボタン

　「どれか1つ」なので、上の例だと、「女性」のボタンをONにすると「男性」はOFFになります。

ラジオボタンの作り方

　input要素のtype属性を**radio**にするとラジオボタンが作られます。input要素1つが1つのラジオボタンになります。

▼構文：input要素（ラジオボタン）

```
<input type="radio" name="パラメータ名" value="送信データ">項目名
```

たとえば、以下のソースコードを書くと、1つだけのラジオボタンができます。

```
<input type="radio" name="sex" value="male">男性
```

1つだけのラジオボタン

テキストボックスの場合は入力された値が送信されましたが、ラジオボタンでは、value属性に指定したデータが送信されます。この例では「male」が送信されます。

複数のラジオボタンを同じグループにするには？

複数のラジオボタンの**パラメータ名**を同じにすると、1つのグループになります。たとえば「男性」「女性」のラジオボタンを同じグループ（二者択一）にするには、このように書きます。

```
<input type="radio" name="sex" value="male">男性
<input type="radio" name="sex" value="female">女性
```

2つのラジオボタンは、どちらもname属性が**sex**になっているので、二者択一のグループになっています。

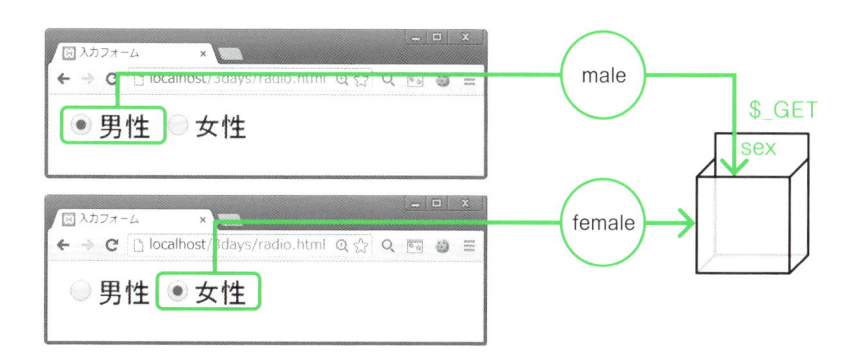

「男性」ボタンがONなら「male」が送信され、「女性」ボタンがONなら「female」が送信されます（value属性の値には日本語の全角文字も使えます）。

Day 2 Lesson 2 入力フォームを作る② ——ラジオボタンを使おう

2 ラジオボタンで性別入力フォームを作ろう

check 属性、required 属性

ラジオボタンを使って、二者択一の性別入力フォームと表示ページを作ってみましょう。

性別入力フォームを作る

ソースコードを入力して、以下の要領で保存してください。呼び出すWebページはradio.php、送信方法はGETメソッドです。

ファイル名：radio.html
文字コード：UTF-8N
ファイルの種類：.html
保存場所：3daysフォルダ

▼性別入力フォーム（radio.html）

```html
 1  <!DOCTYPE html>
 2  <html lang="ja">
 3  <head>
 4  <meta charset="utf-8">
 5  <title>入力フォーム</title>
 6  </head>
 7  <body>
 8  <form action="radio.php" method="GET">
 9    <p>性別：
10      <input type="radio" name="sex" value="male">男性
11      <input type="radio" name="sex" value="female">女性
12    </p>
13    <p><input type="submit" value="送　信"></p>
14  </form>
15  </body>
16  </html>
```

送信された値を表示する PHP プログラムを作る

送信された値は、**$_GET['sex']** に格納されています。echo文を使って、$_GET['sex'] の値を表示してみましょう。ソースコードを入力して、以下の要領で保存してください。

ファイル名：radio.php
文字コード：UTF-8N
ファイルの種類：.php
保存場所：3daysフォルダ

▼入力内容の確認ページ（radio.php）

```
1   <!DOCTYPE html>
2   <html lang="ja">
3   <head>
4   <meta charset="utf-8">
5   <title>入力内容の確認</title>
6   </head>
7   <body>
8   <?php
9     echo '<p>性別：' . $_GET['sex'] . '</p>';
10  ?>
11  </body>
12  </html>
```

プログラムを実行する

ブラウザでhttp://localhost/3days/radio.htmlにアクセスしてください。表示されたWebページでどちらかのラジオボタンを選択して「送信」をクリックし、このように表示されれば成功です。

「男性」を選択すると「male」と表示される

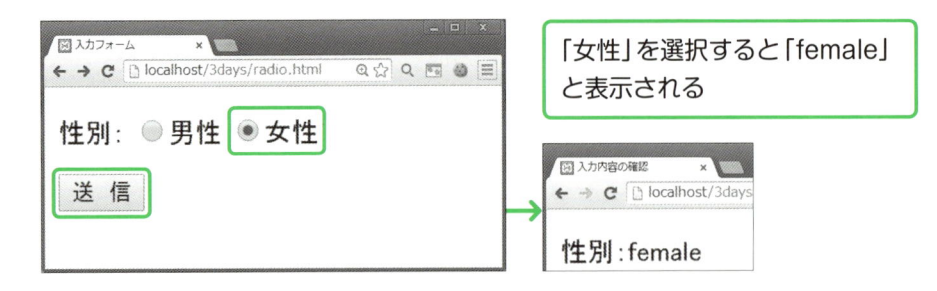

「女性」を選択すると「female」と表示される

COLUMN

checked 属性と required 属性

ラジオボタンのどれか選択肢をあらかじめ選択された状態にするには、**checked 属性**を記入し、値を checked にします。

```
<input type="radio" name="sex" value="male" checked="checked">男性
<input type="radio" name="sex" value="female">女性
```

また、input要素の入力を必須にしたいときは、**required 属性**を記入します。ラジオボタンであれば、どれか1つの選択肢に記入すればOKです。

```
<input type="radio" name="sex" value="male" required>男性
<input type="radio" name="sex" value="female">女性
```

MEMO

radio.htmlで、ラジオボタンをどちらも選択せずに「送信」をクリックすると、「Notice: Undefined index: sex in C:¥xampp¥htdocs¥3days¥radio.php on line 9」というエラーが出ます。エラーが出ないようにしたいときは、どちらかのラジオボタンにchecked 属性を記入してください。

3 入力データの検証、ホワイトリスト、switch 文

ラジオボタンのデータが正しいものか検証するには？

ラジオボタンから送信されるデータが正しいものか検証できるように、switch 文を使って、表示ページを改良してみましょう。

性別入力フォームを改良する

　ユーザがデータを入力しないラジオボタンでも、やり方によっては不正なデータを送信することができます。対策として、switch 文を使って、「male」や「female」以外の値が送信された場合、不正なデータの可能性があるとして、Web ページに表示しないような処理に変えてみましょう。これをホワイトリストによる検証といいます。
　radio.php を開き、色文字の部分を追加・修正して、上書き保存してください。

ファイル名：radio.php
文字コード：UTF-8N
ファイルの種類：.php
保存場所：3days フォルダ

▼ 入力内容の確認ページ（radio.php）

```
1   <!DOCTYPE html>
2   <html lang="ja">
3   <head>
4   <meta charset="utf-8">
5   <title> 入力内容の確認 </title>
6   </head>
7   <body>
8   <?php
9     $clean = array();
10
11    switch ($_GET['sex']){
12      case 'male':
13      case 'female':
```

```
14          $clean['sex'] = $_GET['sex'];
15          break;
16      default:
17          /* エラー */
18          $clean['sex'] = ' 不正なデータです ';
19          break;
20      }
21
22     echo '<p> 性別：' . $clean['sex'] . '</p>';
23  ?>
24  </body>
25  </html>
```

改良ポイントの説明

まず、9行目で、$cleanという名前の新しい空の配列を作っています。この配列は、あとでチェック済みの値を代入し、表示するための配列です。

11行目の条件式で$_GET['sex']に代入されているデータをチェックします。データがmaleかfemaleなら、14行目で$clean['sex']にその値を代入します。

もしデータがmaleかfemale以外であれば、16行目のdefaultラベルにジャンプし、$clean['sex']には「不正な入力です」という文字列が代入されます。

最終的に、22行目のecho文で、$clean['sex']に代入されているセキュリティチェックの終わったデータを表示します。

正しいデータ以外が送信された場合の表示

Day 2 Lesson 3

入力フォームを作る③——セレクトボックスとテキストエリアを使おう

このレッスンでは、セレクトボックスとテキストエリアを使った入力フォームと、GETメソッドとPOSTメソッドの違いについて学びます。

1　セレクトボックスを使ってみよう
2　テキストエリアを使ってみよう
3　GETメソッドとPOSTメソッド

Day 2 Lesson 3

入力フォームを作る③ ── セレクトボックスとテキストエリアを使おう

1 セレクトボックス、select 要素、option 要素

セレクトボックスを使ってみよう

セレクトボックスは、別名ドロップダウンリスト、プルダウンメニューなどとも呼ばれます。セレクトボックスは select 要素で作ります。

セレクトボックスとは？

セレクトボックスとは、複数の選択肢からどれか1つを選んで送信してもらうためのフォーム部品です。

セレクトボックスの初期表示状態

「どれか1つを選ぶ」という点ではラジオボタンと同じですが、セレクトボックスだと、選択肢が多くなった場合でも画面上は1行で収まり、場所を取りません。ボックスをクリックすると選択肢が表示されます。

選択肢が表示されたセレクトボックス

セレクトボックスの作り方

セレクトボックスは、`select`要素と`option`要素を使って作ります。option要素1つが1つの選択項目になります。option要素の数は好きに増やせます。

▼構文：select要素（セレクトボックス）

```
<select name="パラメータ名">
  <option value="送信データ①">ラベル①</option>
  <option value="送信データ②">ラベル②</option>
</select>
```

年齢選択フォームを作る

ではセレクトボックスを使って、年齢を選択するフォームページを作ってみましょう。ソースコードを入力して、以下の要領で保存してください。

ファイル名：select.html
文字コード：UTF-8N
ファイルの種類：.html
保存場所：3daysフォルダ

▼年齢選択フォーム（select.html）

```
<!DOCTYPE html>
<html lang="ja">
<head>
<meta charset="utf-8">
<title>入力フォーム</title>
</head>
<body>
<form action="select.php" method="GET">
  <p>年齢：
  <select name="age">
    <option value="10+">10～19歳</option>
    <option value="20+">20～29歳</option>
    <option value="30+">30～39歳</option>
```

```html
        <option value="40+">40〜49歳</option>
        <option value="50+">50〜59歳</option>
        <option value="60+">60歳以上</option>
    </select>
    </p>
    <p><input type="submit" value="送　信"></p>
</form>
</body>
</html>
```

入力内容を確認するPHPプログラム

送信された値は、スーパーグローバル配列の`$_GET['age']`に格納されています。echoを使って、$_GET['age']の値を表示してみましょう。ソースコードを入力して、以下の要領で保存してください（p.123で学んだ入力値の検証処理を使っています）。

ファイル名：select.php
文字コード：UTF-8N
ファイルの種類：.php
保存場所：3daysフォルダ

▼入力内容（年齢）の確認ページ（select.php）

```php
1   <!DOCTYPE html>
2   <html lang="ja">
3   <head>
4   <meta charset="utf-8">
5   <title>入力内容の確認</title>
6   </head>
7   <body>
8   <?php
9     $clean = array();
10
11    switch ($_GET['age']){
12       case '10+':
13       case '20+':
14       case '30+':
```

```php
15      case '40+':
16      case '50+':
17      case '60+':
18        $clean['age'] = $_GET['age'];
19        break;
20      default:
21        /* エラー */
22        $clean['age'] = '入力し直してください';
23        break;
24    }
25
26    echo '<p>年齢:' . $clean['age'] . '</p>';
27  ?>
28  </body>
29  </html>
```

プログラムを実行する

ブラウザでhttp://localhost/3days/select.htmlにアクセスしてください。表示されたWebページで、たとえば「20〜29歳」を選択して「送信」をクリックし、このように表示されれば成功です。

「20〜29歳」を選択すると「20＋」と表示される

MEMO

value属性の値を、ユーザにもわかりやすいように、「20〜29歳」といった文字列にしてももちろんOKです。サンプルではラベルと送信値を区別しやすいように「20+」などとしています。

Day 2 Lesson 3 入力フォームを作る③ ── セレクトボックスとテキストエリアを使おう

2 テキストエリア、textarea 要素

テキストエリアを使ってみよう

長めのテキストを入力してもらいたいときに使うのがテキストエリアです。textarea 要素を使います。

テキストエリアとは

テキストエリアは、複数行にわたってテキストを入力できる入力フォーム部品です。

長文を入力できるテキストエリア

テキストエリアの作り方

テキストエリアを作るには、**textarea 要素**を使います。

▼構文：textarea 要素（テキストエリア）

```
<textarea name="パラメータ名" rows="行数（高さ）" cols="桁数（幅）">
</textarea>
```

テキストエリアの高さをrows属性で指定し、幅をcols属性で指定します。

130

感想・質問入力フォームを作る

ではテキストエリアを使って、ユーザが感想や質問を入力できる入力フォームページを作ってみましょう。ソースコードを入力して、以下の要領で保存してください。

ファイル名：textarea.html
文字コード：UTF-8N
ファイルの種類：.html
保存場所：3daysフォルダ

▼ご感想・ご質問入力ページ（textarea.html）

```html
1  <!DOCTYPE html>
2  <html lang="ja">
3  <head>
4  <meta charset="utf-8">
5  <title> 入力フォーム </title>
6  </head>
7  <body>
8  <form action="textarea.php" method="POST">
9    <div>
10     <p>ご意見、ご感想、ご質問をご記入ください。</p>
11     <textarea name="opinion" rows="5" cols="40"></textarea>
12    </div>
13    <p><input type="submit" value=" 送　信 "></p>
14  </form>
15 </body>
16 </html>
```

name属性は、input要素の場合と同じで、入力されたデータに名前を付けるための属性です。今回の例では、本文の入力欄に入力されたデータは、「opinion」という名前で送信されます。

textarea要素の行数（高さ）は**rows属性**で指定し、桁数（幅）は**cols属性**で指定します。今回は「5」と「40」を指定したので、5行×40桁になっています。表示領域を超えるテキストが入力された場合は、テキストエリアの右側に自動でスクロールバーが表示され、さらにテキストが入力可能になります。

今回はmethod属性にPOSTを指定し、POSTメソッドで送信します（POSTメソッドについては、次のセクションで説明します）。

入力内容を確認するPHPプログラム

textarea.htmlから送信された値は、スーパーグローバル配列 **$_POST['opinion']** に入っています。echo文を使って、$_POST['opinion']の値を表示してみましょう。

▼入力内容の確認ページ（textarea.php）

```
1  <!DOCTYPE html>
2  <html lang="ja">
3  <head>
4  <meta charset="utf-8">
5  <title> 入力内容の確認 </title>
6  </head>
7  <body>
8  <p> ご感想・ご質問：
9     <?php echo htmlspecialchars($_POST['opinion']); ?>
10 </p>
11 </body>
12 </html>
```

ブラウザで http://localhost/3days/textarea.html にアクセスしてください。たとえば、テキストエリアに「フォームのしくみはちょっと複雑です。」と入力して「送信」をクリックすると、このように表示されます。

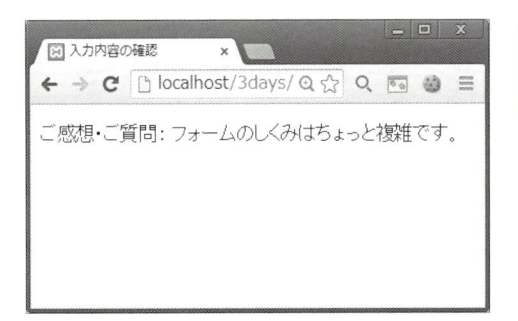

入力したテキストが表示される

3 GET、POST、クエリ文字列、パラメータ

GETメソッドと
POSTメソッド

入力フォームからデータを送信する際に使うGETメソッドとPOSTメソッドの違いと使い分けポイントについて解説します。

GETメソッド

　GETメソッドは、URLの末尾にデータをくっつけて送信する方式です。公開されても問題ない少量データを送信する際によく使われます。送信されたデータを参照したいときは、`$_GET`配列を使います。

　たとえば、先ほどのテキストエリアを使った入力フォームで、method属性をGETにして送受信すると、URLは以下のようになります。

▼ GETメソッドで送信したときのURL例

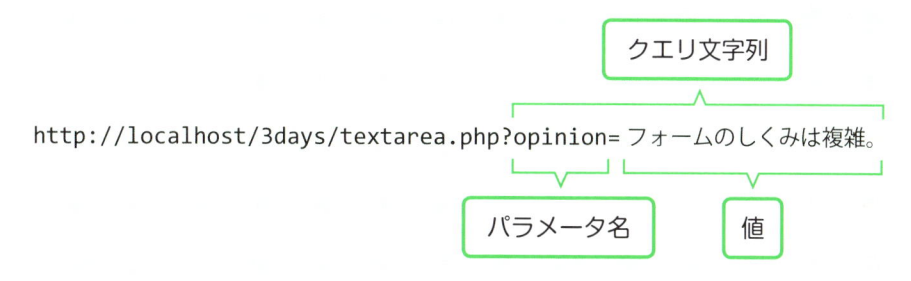

```
http://localhost/3days/textarea.php?opinion=フォームのしくみは複雑。
```

クエリ文字列
パラメータ名　値

　このようにURLの末尾に入力データがそのまま表示されています。もし入力データが長くなったり、他人には知られてはまずいプライバシーに関する内容だったりすると、GET方式はあまり良くありません。そうした場合には、POSTメソッドを使います。

POSTメソッド

　POSTメソッドは、ユーザには見えない形でデータを送信する方式です。クレジットカードの番号や電話番号といった個人情報など、人に見られると困るような機密性の高いデータ

や、大量のデータ、各種ファイルを送受信するのに使われます。送信されたデータを参照したいときは、**$_POST 配列**を使います。

▼ POST メソッドで送信したときの URL 例

```
http://localhost/3days/textarea.php
```

ご覧のとおり、URL の末尾にデータがくっついていません。POST メソッドを使うと、このように送信内容を隠して送受信することができます。

COLUMN

URL エンコードについて

GET メソッドで日本語の文字（マルチバイト文字）を送信するときは、URL エンコードというしくみが利用されます。

URL エンコードとは、「URL として使うことを認められていない文字」を「URL として使うことを認められた文字」に変換する、ということです。

URL には、基本的には、半角英数字といくつかの半角記号しか使えません。ですので、日本語文字を URL として送信する場合は、URL エンコードで別の文字に置き換えられるのです。

たとえば、http://localhost/3days/textbox.html で、テキストボックスに「伊藤静香」と入力して送信すると、ブラウザの URL 入力欄には、

```
http://localhost/3days/textbox.php?handle=伊藤静香
```

と表示されますが、これを TeraPad にコピペすると、

```
http://localhost/3days/textbox.php?handle=%E4%BC%8A%E8%97%A4%E9%9D%99
%E9%A6%99%BC%8A%E8%97%A4%E9%9D%99%E9%A6%99
```

となります。ご覧のように「伊藤静香」の部分が、「%E4%BC%8A%E8%97%A4%E9%9D%99%E9%A6%99」という文字列に変換されて送信されています。

GET メソッドで日本語の文字を送信しても、通常は URL エンコードによって問題なく送信できますが、サーバの設定などによっては文字化けする可能性もあります。日本語文字を送信する可能性のある入力フォームの場合は、できるだけ POST メソッドを使うようにしましょう。

Day 2 Lesson 4

入力フォームを作る④——チェックボックスを使おう

このレッスンでは、チェックボックスを使った入力フォームと、foreach文を使って送信データを表示するプログラムの作り方を学びます。

1 チェックボックスを使ってみよう
2 foreach文のしくみと使い方①
3 foreach文のしくみと使い方②

1 input 要素、チェックボックス

チェックボックスを使ってみよう

チェックボックスもよく使われるフォーム部品です。おなじみの input 要素で作るのですが、複数の項目を選択できるので、データの受け取り方にちょっとしたテクニックが必要です。

チェックボックスとは？

チェックボックスとは、複数の項目を一度に選択できる入力フォーム部品です。

3つの選択肢があるチェックボックス

チェックボックスの作り方

input 要素の type 属性を **checkbox** にするとチェックボックスになります。input 要素1つがチェックボックス1つです。

複数のチェックボックスを同じグループの選択肢にするには、ラジオボックスと同じように、**共通のパラメータ名**をつけますが、このとき、name 属性の値の末尾に **[]** をつけて、複数の値を2次元配列として格納できるようにする必要があります。

▼ 構文：チェックボックス

```
<input type="checkbox" name="パラメータ名[]"
value="データ①">項目①
<input type="checkbox" name="パラメータ名[]"
value="データ②">項目②
```

使用機器入力フォームを作る

ではチェックボックスを使って、ユーザが「パソコン」「スマートフォン」「タブレット」から使用機器を選択・入力できる入力フォームページを作ってみましょう。ソースコードを入力して、以下の要領で保存してください。

ファイル名：checkbox.html
文字コード：UTF-8N
ファイルの種類：.html
保存場所：3daysフォルダ

▼使用機器入力ページ（checkbox.html）

```html
1  <!DOCTYPE html>
2  <html lang="ja">
3  <head>
4  <meta charset="utf-8">
5  <title> 入力フォーム </title>
6  </head>
7  <body>
8  <form action="checkbox.php" method="POST">
9    <p> お持ちの機器：
10     <input type="checkbox" name="device[]" value="pc">パソコン
11     <input type="checkbox" name="device[]" value="phone">スマートフォン
12     <input type="checkbox" name="device[]" value="tablet">タブレット
13   </p>
14   <p><input type="submit" value=" 送　信 "></p>
15 </form>
16 </body>
17 </html>
```

こうしてname属性の値を**device[]**としておくと、$_POSTのdevice要素の中に2次元配列が作られ、チェックが入ったチェックボックスのvalue属性の値が、その中に格納されます。たとえば、すべてのチェックボックスにチェックが入った場合、$_POSTはこのようになります。

$_POST
device

value属性の値が2次元配列に入る

```
  0      1       2
  pc   phone  tablet
```

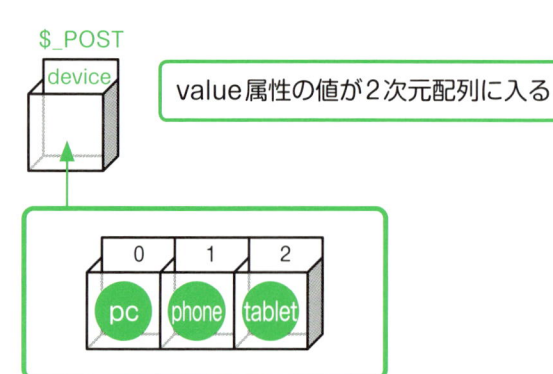

送信された値を表示するプログラム

送信された値は、スーパーグローバル変数**$_POST['device']**に格納されています。echo文を使って$_POST['device']の値を表示するには、このように書けます。

```php
<?php
  echo $_POST['device'][0] . ', ';
  echo $_POST['device'][1] . ', ';
  echo $_POST['device'][2];
?>
```

しかし、これだとチェックボックスの数が増えると面倒ですし、そもそもいくつチェックされるかは、あらかじめ分かりません。そこで、**foreach文**という繰り返し文を使います。スクリプトを入力して、以下の要領で保存してください。

ファイル名：checkbox.php
文字コード：UTF-8N
ファイルの種類：.php
保存場所：3daysフォルダ

▼入力内容の確認ページ（checkbox.php）

```
1  <!DOCTYPE html>
2  <html lang="ja">
3  <head>
4  <meta charset="utf-8">
```

```
 5    <title> 入力内容の確認 </title>
 6    </head>
 7    <body>
 8    <p> 使用機器の種類：<?php
 9      foreach($_POST['device'] as $value) {
10        echo $value . ', ';
11      }
12    ?></p>
13    </body>
14    </html>
```

たとえば、「パソコン」と「スマートフォン」のチェックボックスを選択して「送信」をクリックすると、このように表示されます。

選択したチェックボックスのvalue属性の値が示される

foreach文というしくみと使い方には、次のセクションで説明します。

MEMO

チェックボックスを1つもチェックせずに送信すると、エラーが出ます。エラーが出ないようにしたいときは、foreach文を以下のように、条件式にisset関数（p.170参照）をセットしたif文で囲んでください。

```
if(isset($_POST['device'])){
  foreach($_POST['device'] as $value) {
    echo $value . ', ';
  }
}
```

foreach 文、$value

foreach 文のしくみと使い方①

チェックボックスのサンプルプログラムで使った foreach 文の使い方を説明します。

foreach 文とは？

foreach 文は、配列の要素を順番に処理することができる繰り返し構文です。

▼構文：foreach 文①（要素の値だけを処理）

```
foreach ($配列名 as $value) {
    $valueを使った処理
}
```

たとえば、配列 $device に３つの要素があるとします。

配列$device

| 0 | 1 | 2 |
| pc | phone | tablet |

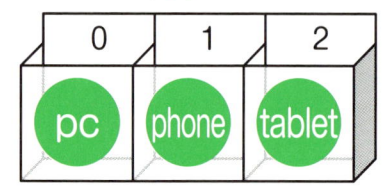

それぞれの要素の値を順番に出力する処理を foreach 文を使って書くと、このようになります。

配列名

```
1  foreach ($device as $value) {
2      echo $value . ', ';
3  }
```

このforeach文は、次のような手順で実行されます。

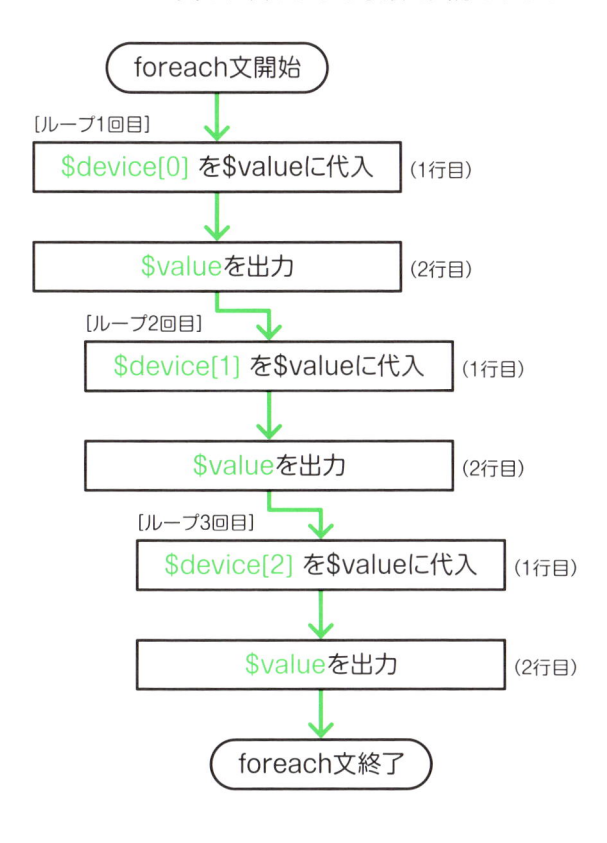

```
          foreach文開始
               ↓
[ループ1回目]
     $device[0] を$valueに代入   (1行目)
               ↓
       $valueを出力            (2行目)
               ↓
[ループ2回目]
     $device[1] を$valueに代入   (1行目)
               ↓
       $valueを出力            (2行目)
               ↓
[ループ3回目]
     $device[2] を$valueに代入   (1行目)
               ↓
       $valueを出力            (2行目)
               ↓
          foreach文終了
```

配列$deviceの要素に入っている値が、順番に$valueに代入され、echo文で出力されます。

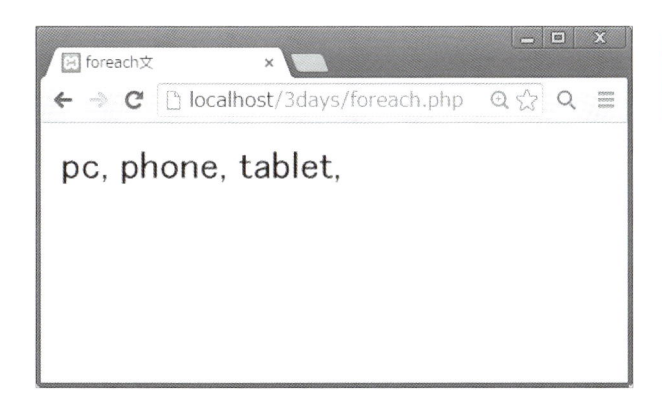

```
localhost/3days/foreach.php

pc, phone, tablet,
```

> $valueの値が順番に出力された

foreach 文のしくみと使い方②

Day 2 / Lesson 4 / 3 — foreach 文、$key、$value、implode 関数

foreach 文で、配列のキーと値を同時に処理したい場合の使い方を説明します。

入力フォームを作る④——チェックボックスを使おう

キーと値を同時に処理するには？

先ほど、foreach 文を使って、要素の「値」を順番に処理する方法を学びました。foreach 文を使うと、配列の要素の「キー」と「値」を順番に処理することもできます。「=>」は半角の「=」(イコール)と「>」(より大きい)を組み合わせたものです。

▼構文：foreach 文②（要素のキーと値を処理）

```
foreach (配列 as $key => $value) {
    $keyと$valueを使った処理
}
```

先ほどと同じ配列 $device を処理してみましょう。

配列 $device

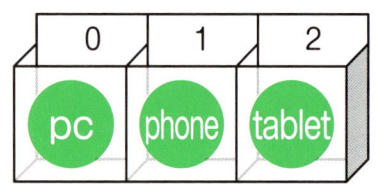

0	1	2
pc	phone	tablet

たとえば、$device の 3 つの要素の「キー」と「値」を、順番に p 要素として出力する処理を、foreach 文を使って書くと、このようになります。

```
1   foreach ($device as $key => $value) {
2      echo '<p>' . $key .':'. $value .'</p>';
3   }
```

配列名（$device の部分）

$keyと$value、'<p>'と':'と'</p>'を、結合演算子(.)で連結しています。

foreach文を使ったサンプルプログラム

配列の定義とforeach文を1つのプログラムとして書いてみましょう。スクリプトを入力して、以下の要領で保存してください。

ファイル名：foreach2.php
文字コード：UTF-8N
ファイルの種類：.php
保存場所：3daysフォルダ

▼ foreach文のサンプルプログラム（foreach2.php）

```
1   <!DOCTYPE html>
2   <html lang="ja">
3   <head>
4   <meta charset="utf-8">
5   <title>foreach文</title>
6   </head>
7   <body>
8   <?php
9   $device = array('pc', 'phone', 'tablet');
10  
11  foreach ($device as $key => $value) {
12     echo '<p>' . $key .':'. $value .'</p>';
13  }
14  ?>
15  </body>
16  </html>
```

ブラウザでhttp://localhost/3days/foreach2.phpにアクセスしてください。以下のように表示されれば成功です。

> 配列の要素に格納された
> キーと値が表示された

(ブラウザ表示)
0:pc
1:phone
2:tablet

COLUMN

implode 関数

配列の要素を出力するには、implode関数を使うこともできます。implode関数は、配列の要素を文字列で連結する関数です。たとえば、カンマ（,）で連結して出力したいときには、このように書きます。

▼ http://localhost/3days/implode.php

```php
<?php
$device = array('pc', 'phone', 'tablet');
echo implode(',', $device);
?>
```

第1引数に間に挟む文字列（,）を、第2引数に配列を指定しています。実行すると、このように表示されます。

(ブラウザ表示)
pc,phone,tablet

> 配列の要素がカンマで連結
> して表示された

Day 2 Lesson 5

入力フォームを作る⑤——すべての部品を使おう

このレッスンでは、これまで学んだすべての部品を使って入力データをまとめて送信し、まとめて受信し表示するプログラムの作り方を学びます。

1 5つの部品を一緒に使ったフォームページを作ってみよう
2 入力データをまとめて表示する確認ページを作ってみよう

Day 2 Lesson 5 入力フォームを作る⑤――すべての部品を使おう

1 input 要素、select 要素、textarea 要素など

5つの部品を一緒に使ったフォームページを作ってみよう

これまで学んだテキストボックス、ラジオボタン、セレクトボックス、チェックボックス、テキストエリアを一緒に使った入力フォームページを作ってみましょう。

送信フォームを作る

2日目で学んだフォーム部品を使って、このような入力フォームページを作ってみましょう。

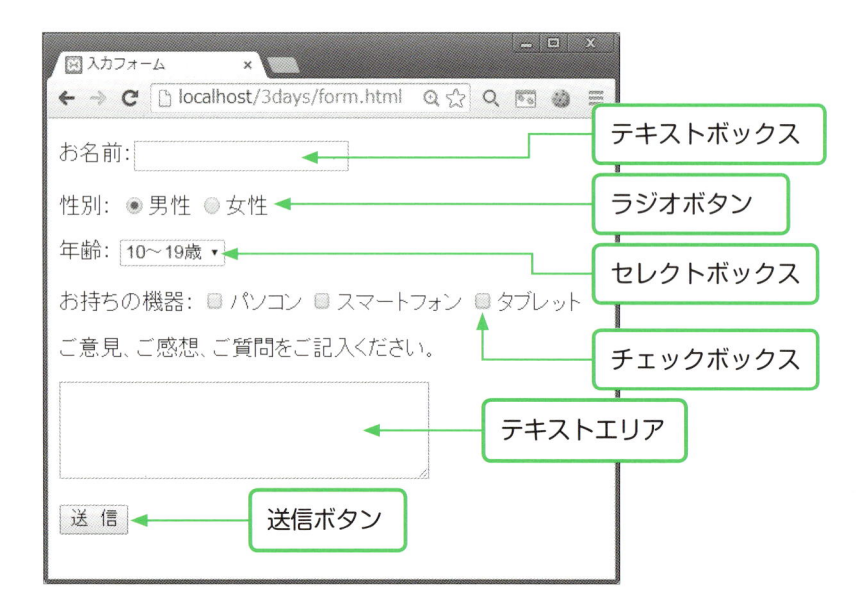

- テキストボックス
- ラジオボタン
- セレクトボックス
- チェックボックス
- テキストエリア
- 送信ボタン

ソースコードを入力して、以下の要領で保存してください。また、10行目、36行目には**required 属性**を追加してください。

ファイル名：form.html
文字コード：UTF-8N
ファイルの種類：.html
保存場所：3daysフォルダ

146

Day 2 Lesson 5 入力フォームを作る⑤——すべての部品を使おう

▼入力フォームページ (form.html)

```html
1  <!DOCTYPE html>
2  <html lang="ja">
3  <head>
4  <meta charset="utf-8">
5  <title>入力フォーム</title>
6  </head>
7  <body>
8  <form action="form.php" method="POST">
9
10    <p>お名前：<input type="text" name="handle" required></p>
11
12    <p>性別：
13      <input type="radio" name="sex" value="male" checked="checked">男性
14      <input type="radio" name="sex" value="female">女性
15    </p>
16
17    <p>年齢：
18    <select name="age">
19      <option value="10+">10～19歳</option>
20      <option value="20+">20～29歳</option>
21      <option value="30+">30～39歳</option>
22      <option value="40+">40～49歳</option>
23      <option value="50+">50～59歳</option>
24      <option value="60+">60歳以上</option>
25    </select>
26    </p>
27
28    <p>お持ちの機器：
29      <input type="checkbox" name="device[]" value="pc">パソコン
30      <input type="checkbox" name="device[]" value="phone">スマートフォン
31      <input type="checkbox" name="device[]" value="tablet">タブレット
32    </p>
33
34    <div>
35      <p>ご意見、ご感想、ご質問をご記入ください。</p>
```

- 10行目: textbox.htmlの9行目をコピペしrequired属性を追加
- 13-14行目: radio.htmlの9～12行目をコピペ
- 18-25行目: select.htmlの9～18行目をコピペ
- 29-31行目: checkbox.htmlの9～13行目をコピペ
- 34-35行目: textarea.htmlの9～12行目をコピペ

```
36        <textarea name="opinion" rows="5" cols="40" required></
   textarea>
37        </div>
38
39        <p><input type="submit" value="送　信"></p>
40    </form>
41  </body>
42  </html>
```

required属性を追加

　ブラウザでhttp://localhost/3days/form.htmlに表示すると、入力フォームページが表示されます。required属性を記述したinput要素が空欄のまま送信されると、入力を促すメッセージが表示されます。

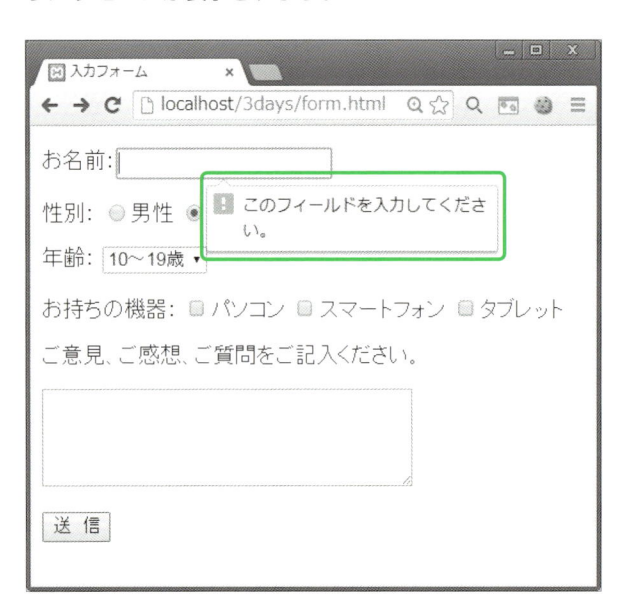

入力を促すメッセージが表示された

MEMO

Safariなど、ブラウザによってはrequired属性のチェック機能を実装していないものがあります。そのようなブラウザでは、メッセージは表示されません。

2 2日目のまとめ

入力データをまとめて表示する確認ページを作ってみよう

これまで学んだテキストボックス、ラジオボタン、セレクトボックス、チェックボックス、テキストエリアを一緒に使った入力フォームページを作ってみましょう。

送信された値を表示する PHP プログラム

送信された値は、$_POST['handle']、$_POST['sex']、$_POST['age']、$_POST['device']、$_POST['opinion']に格納されています。echo文を使って、それぞれの値を表示してみましょう。スクリプトを入力して、以下の要領で保存してください。

ファイル名：form.php
文字コード：UTF-8N
ファイルの種類：.php
保存場所：3daysフォルダ

▼ 入力内容の確認ページ（form.php）

```
1   <!DOCTYPE html>
2   <html lang="ja">
3   <head>
4   <meta charset="utf-8">
5   <title>入力内容の確認ページ</title>
6   </head>
7   <body>
8   <?php
9   // 名前を表示する
10    echo '<p>名前：' . htmlspecialchars($_POST['handle']) . '</p>';
11
12  // 性別を表示する
13    $clean = array();
```

> radio2.phpの9〜22行目をコピペ
> 色文字の部分をPOSTに修正

```php
 14
 15     switch ($_POST['sex']){
 16       case 'male':
 17       case 'female':
 18         $clean['sex'] = $_POST['sex'];
 19         break;
 20       default:
 21         /* エラー */
 22         $clean['sex'] = '不正なデータです';
 23         break;
 24     }
 25
 26     echo '<p>性別：' . $clean['sex'] . '</p>';
 27
 28   // 年齢を表示する
 29     switch ($_POST['age']){
 30       case '10+':
 31       case '20+':
 32       case '30+':
 33       case '40+':
 34       case '50+':
 35       case '60+':
 36         $clean['age'] = $_POST['age'];
 37         break;
 38       default:
 39         /* エラー */
 40         $clean['age'] = '入力し直してください';
 41         break;
 42     }
 43
 44     echo '<p>年齢：' . $clean['age'] . '</p>';
 45
 46   // 使用機器を表示する
 47     echo '<p>使用機器の種類：';
 48     foreach($_POST['device'] as $value) {
 49       echo $value . '、';
 50     }
 51
 52   // ご感想・ご質問を表示する
```

> select.phpの11〜26行目をコピペ
> 色文字の部分をPOSTに修正

> checkbox.phpの9〜11行目をコピペ

```
53      echo '<p>ご感想・ご質問：' . htmlspecialchars($_POST['opinion']) . '</p>';
54  ?>
55  </body>
56  </html>
```

プログラムを実行する

ブラウザでhttp://localhost/3days/form.htmlにアクセスしてください。データを入力して送信し、次のページで送信した内容が表示されれば成功です。

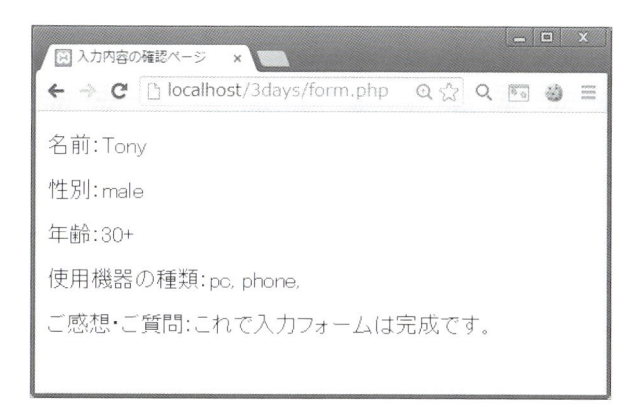

送信した内容が表示される

MEMO

ダウンロード用サンプルプログラム（p.6）には、ラジオボタンやチェックボックスのチェックが0のときでもエラーが出ないような処理を加えてあります。興味のある方はご確認ください。

Day 3 Lesson 1

クッキーを使ってみよう

このレッスンでは、Webアプリケーションでよく使われているクッキーのしくみと使い方を学びます。

1 クッキーとは何か？
2 setcookie関数を使ってクッキーをブラウザに保存する
3 保存されたクッキーをブラウザから見てみよう
4 クッキーに保存されたデータをWebページに表示してみよう
5 クッキーの有効期限を延長するには？
6 入力フォームから入力されたデータをクッキーに保存してみよう

Day 3
Lesson 1 クッキーを使ってみよう

1 クッキー

クッキーとは何か？

Webサイトで大変よく使われているクッキーについて説明します。

クッキーとは？

　クッキー（cookie）とは、「ユーザの名前」や「最終訪問日時」「訪問回数」などの、ちょっとしたデータを、ユーザのブラウザに保存するしくみのことです。「ブラウザの中に変数を作ることができるしくみ」みたいなものと考えてください。

　本来は、ブラウザにデータを保存するしくみそのものをクッキーといいますが、保存するデータのこともクッキーと呼びます。「データをクッキーに保存する」「クッキーをブラウザに送信する」などといった使い方をされます。

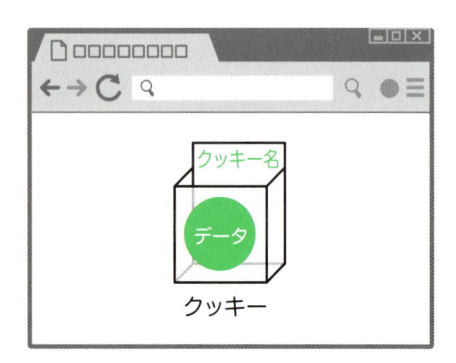

ブラウザにデータを保存できる

　ふつう、プログラムの変数に保存したデータは、そのプログラムの中でしか使えません。しかし、クッキーに保存したデータは、同じWebサイトの中の複数のプログラムで利用することができます。

　また、変数に保存したデータは、プログラムが終了したり、ブラウザが閉じられたりしたときには、消えてしまいます。しかし、クッキーにデータを保存しておき、有効期限を長めに設定しておけば、いったん閉じてから新たに開いたブラウザでも、さらには同じWebサイトの別のプログラムでも、そのクッキーのデータを使うことができます。

クッキーが利用される場面

　クッキーはいろいろな場面で利用されています。たとえば、ネットショップなどで入力した住所・氏名・電話番号・メールアドレスなどは、クッキーに保存されていることがあります。数日後、また買い物をするときに、クッキーからデータが読み込まれれば、再び入力する手間が省けます。
　その他、サイト訪問日時や訪問回数など、アクセス解析や広告表示のために必要な情報を保存するのにも使われています。
　クッキーは適切に使うと大変便利なしくみですが、保存された情報は暗号化されずにサーバとブラウザの間でやり取りされます。クレジットカード情報やパスワードなど、漏洩すると困るような重要な情報は保存しない方がよいでしょう。

COLUMN

クッキーの名前の由来は？
クッキーの名前の由来には何通りもの説があり、ハッキリとしたことはわかっていません。

マジッククッキー説
もともとは「マジッククッキー」（テレビゲームの名前）だったものが、縮めてクッキーと呼ばれるようになったという説（参照：http://rocketnews24.com/2014/03/18/423428/、ウィキペディア）

フォーチュンクッキー説
毎回違うメッセージを表示するしくみが、おみくじ入りの「フォーチュンクッキー」を彷彿とさせるからという説
（参照：http://gogen-allguide.com/ku/cookie.html）

クッキーベア説
1970年代のハッカーが作った「クッキーベア」というジョークプログラムが由来とする説
（参照：http://d.hatena.ne.jp/hally/20050121/p2）

食べ物説
ブラウザに「食べさせる」データなので、クッキーと名づけられたという説。

由来はわかりませんが、いずれにせよクッキーは1994年、ネットスケープ社が同社のブラウザ「Netscape Navigator」で採用したのをきっかけにして、1997年に標準化され、その後Internet Explorerなど他のブラウザにも搭載されるようになりました。

Day 3 Lesson 1 クッキーを使ってみよう

2 setcookie 関数

setcookie 関数を使って クッキーをブラウザに保存する

ブラウザにクッキーを保存するには、setcookie 関数を使います。使い方を説明します。

setcookie 関数の使い方

　クッキーとしてデータを保存するには、setcookie 関数を使います。第1引数には「クッキーの名前」を、第2引数には「クッキーとして保存したいデータ」を指定します。

▼構文：setcookie 関数

```
setcookie('クッキーの名前',データ)
```

　試しに、「username」という名前のクッキーに「Shizuka」という文字列を保存してみましょう。スクリプトを入力して、以下の要領で保存してください。

ファイル名：cookie_username.php
文字コード：UTF-8N
ファイルの種類：.php
保存場所：3daysフォルダ

▼クッキーをブラウザに送信するプログラム（cookie_username.php）

```
1  <?php
2  setcookie('username', 'Shizuka');
3  ?>
```

　ブラウザでhttp://localhost/3days/cookie_username.phpにアクセスすれば、setcookie関数が実行されて、クッキーが送信されます。このプログラムは、正常に実行された場合、ブラウザの画面には何も表示されません。

> **MEMO**
>
> 第2引数に指定するデータですが、文字列を指定するときはシングルクォートかダブルクォートで囲む必要があります。数値や変数を指定するときはそのままでかまいません。

setcookie 関数でクッキーが保存される流れ

まず、ブラウザにURL（http://localhost/3days/cookie_username.php）が入力され、URLがサーバへ送信（リクエスト）されます。

▼① http://localhost/3days/cookie_username.php がリクエストされる

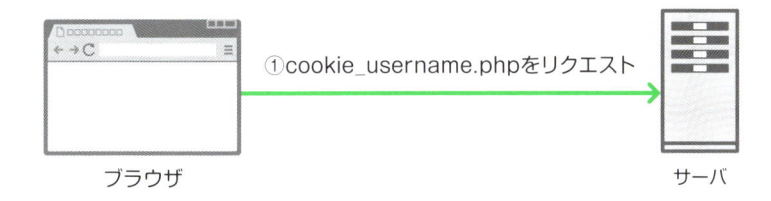

①cookie_username.phpをリクエスト

ブラウザ　　　　　　　　　　　　　　　　　　サーバ

サーバではcookie_username.phpが実行されます。このときsetcookie関数も実行され、cookie_username.phpと一緒に、クッキーを返信します。

▼② cookie_username.php と一緒にクッキーが送信される

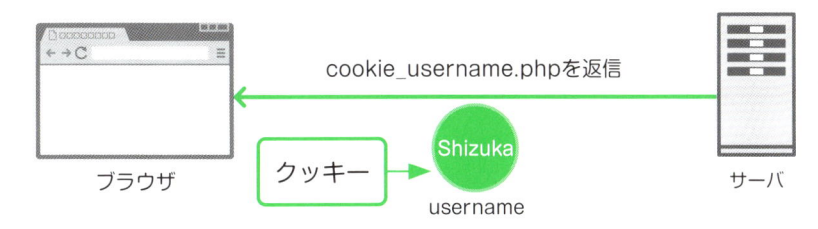

cookie_username.phpを返信

ブラウザ　　クッキー → Shizuka　　　サーバ
　　　　　　　　　　　username

これでクッキーがブラウザに保存されているはずです。ちゃんと保存されたかどうか、ブラウザで確認してみましょう。

Day 3 Lesson 1 クッキーを使ってみよう

Day 3 Lesson 1 クッキーを使ってみよう

3 Chromeでクッキーを確認する方法

保存されたクッキーをブラウザから見てみよう

クッキーはブラウザに保存されています。ブラウザを操作すれば、クッキーの中身を見ることができます。

ブラウザからクッキーを確認するには？

　Google Chrome（バージョン40.0.2214.115m）では、次のような手順で、保存されているクッキーを確認できます。

❶ **右上のボタン**をクリック

❷ **「設定」**をクリック

❸ 最下部の「詳細設定を表示...」をクリック

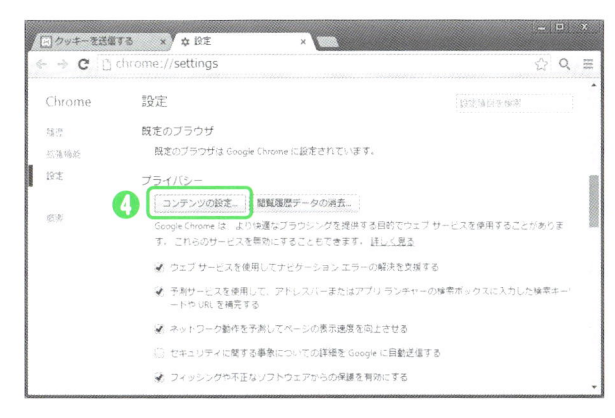

❹ 「プライバシー」の「コンテンツの設定」をクリック

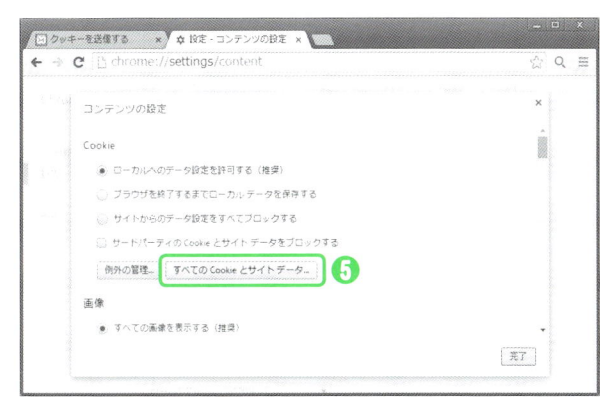

❺ 「Cookie」の「すべてのCookieとサイトデータ」をクリック

Day 3 Lesson 1 クッキーを使ってみよう

Day 3 Lesson 1 クッキーを使ってみよう

> 保存されているクッキーが表示される

❻「localhost」と入力

「Cookieとサイトデータ」という画面が表示されて、お使いのChromeに保存されているすべてのクッキーが一覧で表示されます。クッキーはドメイン名（たとえばlocalhostやsocym.co.jpなど）ごとに管理されています。ここで、右上の「Cookieを検索」欄に「localhost」と入力してみてください。すると**「localhost Cookie:1」**という行が表示されます。

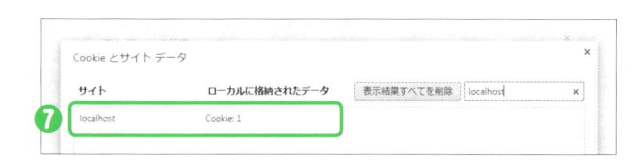

❼「localhost」をクリック

これは、**「localhostというドメイン（サイト）で1つのクッキーが保存されている」**という意味です。この行をクリックしてみてください。「username」というボタンが表示されます。

❽「username」をクリック

このボタン1つが、1つのクッキーです。表面にはクッキー名が表示されています。この「username」をクリックすると、クッキーの詳細情報が表示されます。

クッキー「username」の
詳細情報が表示された

「コンテンツ」のところに、先ほど保存した「Shizuka」というデータが表示されいます。これでちゃんと「username」というクッキーに、「Shizuka」というデータが保存されていることが確認できました。

ブラウザはまだ閉じないでください。続いて、クッキーとして保存されたデータをWebページに表示してみましょう。

> **MEMO**
>
> Chromeの場合、URL入力欄にchrome://settings/cookiesと入力すると、一発で「Cookieとサイトデータ」画面を表示することができます。

4 $_COOKIE

クッキーに保存されたデータをWebページに表示してみよう

ブラウザに保存されたクッキーは、$_COOKIE という名前のスーパーグローバル配列を介して Web ページに読み込むことができます。

クッキーの値を表示するには？

　ブラウザでhttp://localhost/3days配下にある何らかのファイルを表示しようと、URLを入力して、リクエストするとします。

　このときブラウザに、localhost/3daysというドメイン名＋パス名に紐付けられたクッキーが保存されていれば、クッキーの名前と値を、リクエスト時に一緒にサーバに送信します。

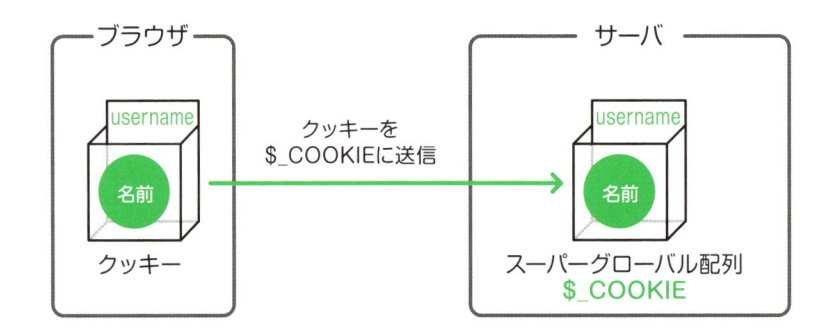

　たとえば「username」というクッキー名で保存されたデータは、$_COOKIE['username']という要素に保存されます。ですので、この$_COOKIE['username']を読み込んで表示すれば、クッキーのデータをWebページに表示することができます。スクリプトを入力して、

以下の要領で保存してください。

ファイル名：cookie_show_username.php
文字コード：UTF-8N
ファイルの種類：.php
保存場所：3daysフォルダ

▼クッキーの値を表示するプログラム（cookie_show_username.php）

```php
1  <!DOCTYPE html>
2  <html lang="ja">
3  <head>
4  <meta charset="utf-8">
5  <title>クッキーを表示する</title>
6  </head>
7  <body>
8  <?php
9    echo '<p>名前：' . htmlspecialchars($_COOKIE['username']) . '</p>';
10 ?>
11 </body>
12 </html>
```

$_COOKIE['username']はhtmlspecialchars関数でエスケープ処理しています（p.112参照）。

プログラムを実行する

ブラウザでhttp://localhost/3days/cookie_show_username.phpにアクセスしてください。以下のように表示されれば成功です。

クッキーに保存した名前が表示される

名前：Shizuka

しかし、いったんブラウザを終了してから再びhttp://localhost/3days/cookie_show_username.phpにアクセスすると、エラーが出ます。

> エラーが出て、クッキーの値は表示されない

　これは、クッキーの有効期限が「ブラウザセッションの終了時」、つまりブラウザが閉じられるまでとなっているからです。クッキーの有効期限を延長すると、いったんブラウザが閉じられた後でも、クッキーの値を保持することができます。

5 setcookie 関数、time 関数

クッキーの有効期限を延長するには？

クッキーには有効期限があります。setcookie 関数を使えば、有効期限を自由に設定できます。

クッキーには有効期限がある

クッキーには有効期限があり、有効期限が切れたクッキーは、自動的に消去されます。先ほど、Chromeに保存されたクッキーの詳細データを見ました。最下段を見てください。

```
名前:          username
コンテンツ:     Shizuka
ドメイン:       localhost
パス:          /3days
送信先:        あらゆる種類の接続
スクリプトにアクセス可能
作成:          2015年2月26日木曜日 14:49:22
有効期限:      ブラウザ セッションの終了時
削除
```

クッキーの有効期限

「有効期限」という行があり、デフォルトでは「ブラウザセッションの終了時」すなわち、「ブラウザを閉じるまで」となっています。つまり、先ほどブラウザを閉じたときに、usernameというクッキーは消えてしまった、というわけです。有効期限は、setcookie関数でクッキーを送信するときに、一緒に設定できます。

有効期限を延長するには？

有効期限を延長するには、setcookie関数でクッキーを保存するときに、第3引数に有効期限を指定します。

Day 3 Lesson 1 クッキーを使ってみよう

▼構文：setcookie 関数

```
setcookie('クッキーの名前', 保存するデータ, 有効期限)
                                              ↑
                                         time()＋秒数
```

クッキーの有効期限は、「time()＋秒数」で指定します。time 関数は現在の時刻を返す関数なので、これに秒数を足すことで、有効期限を設定できる、というわけです。

たとえば、有効期限を現在から30日後に設定したいときは、以下のように書きます。

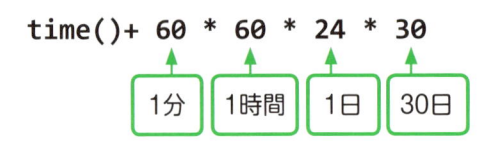

```
time()+ 60 * 60 * 24 * 30
        ↑    ↑    ↑    ↑
        1分  1時間 1日  30日
```

もちろん、秒数を自分で計算して、「time()＋2592000」と書いてもかまいませんが、ひと目で有効期限がわかりにくいので、かけ算の形にしておくのが良いでしょう。

では、「username」クッキーに「Shizuka」という文字列を、有効期限30日で保存してみましょう。スクリプトを入力して、以下の要領で保存してください。

ファイル名：cookie_time.php
文字コード：UTF-8N
ファイルの種類：.php
保存場所：3daysフォルダ

▼有効期限30日のクッキーを送信するプログラム（cookie_time.php）

```php
<?php
setcookie('username', 'Shizuka', time() + 60 * 60 * 24 * 30);
?>
```

ブラウザでhttp://localhost/3days/cookie_time.phpにアクセスすれば、setcookie関数が実行されて、クッキーが送信されます。このプログラムは、正常に実行された場合、ブラウザの画面には何も表示されませんが、クッキーの有効期限は30日後になっています。

> クッキーの有効期限が30日後に設定された

よって、先ほどと違って、いったんブラウザを閉じた後でも、クッキーは保持されています。試しに、一度ブラウザを閉じてから、http://localhost/3days/cookie_show_username.php を開いてみてください。以下のようにクッキーに保存した値が表示されれば成功です。

> クッキーに保存した名前が表示される

MEMO

setcookie関数では、他にも、第4引数でクッキーを有効にしたいパス名（ディレクトリ名）を、第5引数でドメイン名を指定することができます。

Day 3 Lesson 1 クッキーを使ってみよう

6 setcookie 関数、$_GET、$_COOKIE、isset 関数

入力フォームから入力されたデータをクッキーに保存してみよう

入力フォームに入力されたデータも、setcookie 関数を使えばクッキーに保存することができます。

入力データをクッキーに保存するには？

　入力フォームに入力されたデータをクッキーに保存するには、setcookie関数の第2引数に、$_GETか$_POSTを指定します。

　2日目のLesson1で作ったtextbox.phpを変更して、入力されたデータをクッキーに送信するようにしてみましょう。textbox.phpを開き、色文字の部分を追加して、以下の要領で新たなファイルとして保存してください。

ファイル名：**cookie_show_textbox.php**
文字コード：UTF-8N
ファイルの種類：.php
保存場所：3daysフォルダ

▼ cookie_show_textbox.php

```php
<?php
    setcookie('username', $_GET['handle'], time()+60*60*24*30);
?>
<!DOCTYPE html>
<html lang="ja">
<head>
<meta charset="utf-8">
<title> 入力内容の確認 </title>
</head>
<body>
<p> 入力された名前：<?php echo $_GET['handle']; ?></p>
</body>
</html>
```

入力された名前のデータは、$_GET['handle']に保存されていますので、これをsetcookie関数で「username」という名前のクッキーに保存しています。クッキーの有効期限は30日後にしました。これで、入力フォームに入力された名前が、クッキーに保存されます。

入力フォームに名前が表示されるように変更する

　クッキーに名前が保存されている場合、入力フォームを表示すると、名前が表示されるようにしてみましょう。2日目のLesson1で作ったtextbox.htmlを開き、色文字の部分を追加・修正して、以下の要領で新たなファイルとして保存してください。PHPスクリプトを追加していますので、ファイルの種類は.phpにします。

ファイル名：cookie_textbox.php
文字コード：UTF-8N
ファイルの種類：.php
保存場所：3daysフォルダ

▼ cookie_textbox.php

```
1   <!DOCTYPE html>
2   <html lang="ja">
3   <head>
4   <meta charset="utf-8">
5   <title> 入力フォーム </title>
6   </head>
7   <body>
8   <form action="cookie_show_textbox.php" method="GET">
9     <p> お名前：<input type="text" name="handle" value="
10  
11  <?php
12  if(isset($_COOKIE['username'])) {
13    echo $_COOKIE['username'];
14  }
15  ?>
16  
17  "></p>
18    <p><input type="submit" value=" 送　信 "></p>
19  </form>
```

このダブルクォートを書き忘れないように

```
20    </body>
21    </html>
```

　http://localhost/3days/cookie_textbox.phpを開いてみてください。開いたときに、すでに以下のように名前が表示されていれば成功です。

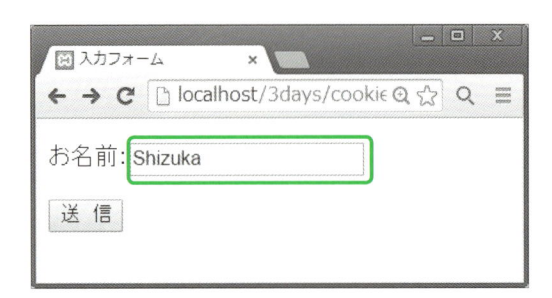

クッキーに保存した名前が表示される

　試しに、「別の名前」を入力して送信ボタンをクリックしてみてください。
　「入力内容の確認ページ」が表示されたあと、再びhttp://localhost/3days/cookie_textbox.phpを開いてみて、「別の名前」が表示されていれば、プログラムは正しく動作しています。

COLUMN

isset 関数

isset関数は、ある変数が存在していて、中にnullではないデータが入っているかどうかを確かめられる関数です。
引数には変数を指定します。その変数が存在していて、中のデータがnullでなければ、返り値としてtrueを返します。変数が存在していなかったり、中のデータがnullだったりすると、falseを返します。

Day 3 Lesson 2

セッション使って入力フォームを作ってみよう

このレッスンでは、複数のWebページをひとまとまりの単位として扱えるセッションのしくみと使い方について学びます。

1 セッションとは何か？
2 $_SESSIONにデータを保存してみよう
3 $_SESSIONのデータを別のページで表示してみよう
4 入力フォームのデータを$_SESSIONに保存してみよう
5 セッション管理のしくみを知っておこう

セッションとは何か？

セッションを使うと、複数のページでデータをやり取りすることができるようになります。

セッションとは？

セッションとは、ユーザが同じWebサイトで見た複数のPHPページを、ひとまとまりの訪問として扱う機能です。

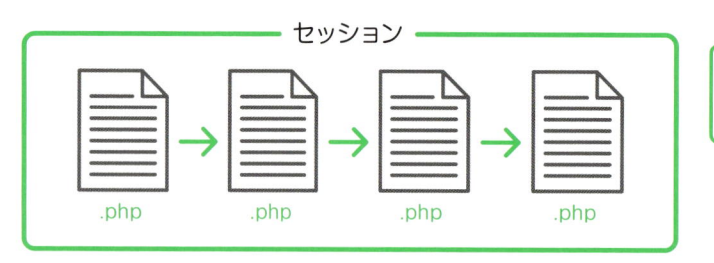

複数のページをまとめて扱える

$_GETや$_POSTでは、2つのページの間でしかデータをやり取りできませんでしたが、セッションの **$_SESSION** を使うと、もっと多くのページの間でデータをやり取りできるようになります。

セッションでは$_SESSIONを使える

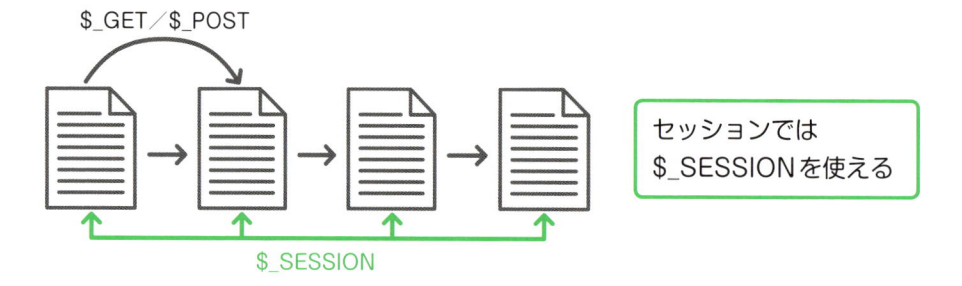

セッションは、ショッピングカートで購入した商品の情報を保持したり、会員サイトでログイン／ログアウトを管理したりする際に使われています。

② session_start 関数、$_SESSION

$_SESSION にデータを保存してみよう

セッションを開始して、スーパーグローバル配列 $_SESSION にデータを保存するには、session_start 関数を使います。

セッションの始め方

　セッションを開始するには、**session_start 関数**を使います。session_start 関数には引数は必要ありません。

▼ 構文：session_start 関数

```
session_start();
```

　試しに、**$_SESSION['name']**（配列 $_SESSION の要素 name）に「伊藤静香」という文字列を保存してみましょう。スクリプトを入力して、以下の要領で保存してください。

ファイル名：session_1.php
文字コード：UTF-8N
ファイルの種類：.php
保存場所：3days フォルダ

▼ $_SESSION にデータを保存する（session_1.php）

```
1  <?php
2  session_start();
3  ?>
4  <!DOCTYPE html>
5  <html lang="ja">
6  <head>
7  <meta charset="utf-8">
8  <title>セッション</title>
9  </head>
```

```
10    <body>
11    <?php
12    $_SESSION['name'] = '伊藤静香';
13    echo '<p>名前:' . $_SESSION['name'] . '</p>';
14    ?>
15    </body>
16    </html>
```

　ブラウザでhttp://localhost/3days/session_1.phpにアクセスすれば、セッションが始まり、$_SESSION['name']に保存されたデータが表示されます。

$_SESSION['name']に保存した名前が表示される

3 session_start 関数、$_SESSION

$_SESSION のデータを別のページで表示してみよう

$_SESSION に保存されたデータは、同じセッションの中であれば、他のページで利用することができます。

$_SESSION にデータを保存するページを作成する

先ほどのプログラムに手を加えて、リンク先のページで保存データを表示するように変更してみましょう。スクリプトを入力して、以下の要領で新たなファイルとして保存してください。

ファイル名：session_2.php
文字コード：UTF-8N
ファイルの種類：.php
保存場所：3daysフォルダ

▼ $_SESSION にデータを保存する（session_2.php）

```
1   <?php
2   session_start();
3   ?>
4   <!DOCTYPE html>
5   <html lang="ja">
6   <head>
7   <meta charset="utf-8">
8   <title> セッション </title>
9   </head>
10  <body>
11  <?php
12  $_SESSION['name'] = ' 伊藤静香 ';
13  echo '<p><a href="session_3.php"> 保存データを確認する </a></p>';
14  ?>
```

次のページへのリンク（13行目）

```
15  </body>
16  </html>
```

リンク先ページを作成する

一方、$_SESSIONに保存されたデータを表示するページのスクリプトは以下のとおりです。スクリプトを入力して、以下の要領で保存してください。

ファイル名：session_3.php
文字コード：UTF-8N
ファイルの種類：.php
保存場所：3daysフォルダ

▼ $_SESSIONのデータを表示する（session_3.php）

```php
1   <?php
2   session_start();
3   ?>
4   <!DOCTYPE html>
5   <html lang="ja">
6   <head>
7   <meta charset="utf-8">
8   <title>セッション</title>
9   </head>
10  <body>
11  <?php
12  echo '<p>保存されたデータ：' . $_SESSION['name'] . '</p>';
13  ?>
14  </body>
15  </html>
```

ブラウザでhttp://localhost/3days/session_2.phpにアクセスすると、セッションが始まり（もしすでにセッションがあればそれを再開し）、$_SESSION['name']にデータが保存されます。

$_SESSION['name']に
データが保存される

保存データを確認する

「保存データを確認する」というリンクをクリックすると、リンク先のhttp://localhost/3days/session_3.phpが開き、$_SESSION['name']に保存されたデータが表示されます。

$_SESSION['name']に
保存されたデータが表示
される

保存されたデータ：伊藤静香

入力フォームのデータを $_SESSION に保存してみよう

4 入力フォーム、$_SESSION

入力フォームから入力されたデータを $_SESSION に保存して、セッション内の他のページで利用することもできます。

入力フォームのページを作成する

今度はセッションのしくみを使って、

①ユーザに名前とメールアドレスを入力してもらい（session_form.php）
②入力内容の確認ページ（session_confirm.php）を表示する

というプログラムを作ってみましょう。まず、入力フォームのページを作ります。入力フォームの作り方は、2日目に学びました。スクリプトを入力して、以下の要領で保存してください。

ファイル名：session_form.php
文字コード：UTF-8N
ファイルの種類：.php
保存場所：3daysフォルダ

▼名前とメールアドレスを入力するページ（session_form.php）

```
1  <!DOCTYPE html>
2  <html lang="ja">
3  <head>
4  <meta charset="utf-8">
5  <title> 入力フォーム </title>
6  </head>
7  <body>
8  <form action="session_confirm.php" method="POST">
9    <p> お名前：<input type="text" name="handle" required></p>
10   <p> メールアドレス：<input type="email" name="email" required></p>
11   <p><input type="submit" value=" 送　信 "></p>
```

名前とメールアドレスの入力欄

```
12    </form>
13  </body>
14  </html>
```

input要素のtype属性の値を「email」にすると、メールアドレスの入力欄が作成されます。基本はテキストボックスと同じですが、入力データがメールアドレスかどうか、簡易的にではありますが、ブラウザがチェックしてくれます。

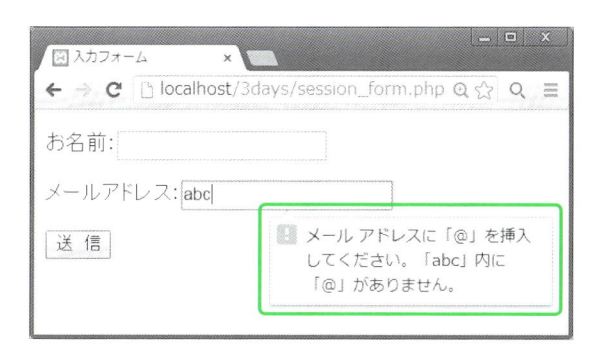

Chromeでのメールアドレスチェック

IEでのメールアドレスチェック

MEMO

Safariなど、ブラウザによってはチェック機能が実装されていません。

入力内容の確認ページを作成する

次に、入力内容を確認するページを作ります。ここでは、POSTメソッドで送信されたデータを、$_POSTから取り出して、$_SESSIONに格納します。スクリプトを入力して、以下の要領で保存してください。

ファイル名：session_confirm.php
文字コード：UTF-8N
ファイルの種類：.php
保存場所：3daysフォルダ

▼入力内容を表示する確認ページ（session_confirm.php）

```php
<?php
session_start();
?>
<!DOCTYPE html>
<html lang="ja">
<head>
<meta charset="utf-8">
<title>入力内容の確認ページ</title>
</head>
<body>
<?php

//$_SESSION に入力データを保存する
$_SESSION['handle'] = $_POST['handle'];
$_SESSION['email'] = $_POST['email'];

// 名前とメールアドレスを表示する
   echo '<h1>入力内容の確認</h1>';
   echo '<p>名前：' . htmlspecialchars($_SESSION['handle']) . '</p>';
   echo '<p>メールアドレス：' . htmlspecialchars($_SESSION['email']) . '</p>';

?>
</body>
</html>
```

　ブラウザでhttp://localhost/3days/session_form.phpにアクセスすれば、入力フォームが表示されます。入力して［送信］をクリックすると、入力確認ページが表示され、$_SESSIONにデータが保存されます。

5 PHPSESSID、セッションの有効期限

セッション管理のしくみを知っておこう

最後に、セッションがどのように管理されているのか、そのしくみを説明しておきます。

クッキーとセッションの違い

クッキーはデータを**ブラウザに保存**して管理するしくみでした。これに対して、セッションは、データを**サーバに保存**して管理するしくみとなっており、大事なデータをクッキーより安全に管理することができます。

複数のセッションを同時に利用しても混乱しないのはなぜ？

通常、Webページには複数のユーザがアクセスしてきます。異なるユーザが同時にセッションを開始し、$_SESSIONを使うと、キー名がダブったり、データを間違って書き込んだりするなどの混乱が起きるのではないか、と思われるかもしれません。

そのような事態にならないように、セッションには、それぞれユニークな（＝重複のない、ただ1つの）IDが発行され、そのIDごとに区別してデータが管理されています。

プログラム上は複数のユーザが同じ$_SESSIONを使っているように見えますが、データはそれぞれ個別に管理されているので、混乱することはありません。

セッションIDはクッキーで管理されている

あるユーザが初めて、session_start関数が記述されたプログラムをリクエストすると、**PHPSESSID**というクッキーが作成され、ブラウザに送信されます。このクッキーには、ユニークな（＝重複のない、ただ1つの）IDが値として書き込まれています。セッションは、このIDに紐付けて管理されます。

すでに開始されているセッションがあれば、ブラウザにはPHPSESSIDというクッキーが保存されているはずです。その場合、ページをリクエストするときに一緒に

PHPSESSIDクッキーも送信されます。PHPSESSIDにはIDが記入されていますので、そのIDに関連付けられたデータが$_SESSIONに読み込まれ、セッションが再開されます。

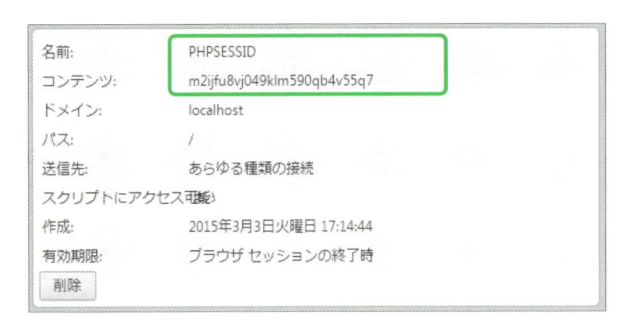

クッキーPHPSESSIDに保存されたセッションID

セッションIDはブラウザごとに作成される

同じユーザが、同じパソコンから、同じWebページにアクセスしたとしても、ブラウザが異なれば、異なるセッションが作成されます。たとえば、同じパソコンにインストールされたInternet ExplorerとChromeから、それぞれhttp://localhost/3days/session_form.phpにアクセスした場合、個別のセッションが開始されます。もしChromeにPHPSESSIDクッキーが保存されていたとしても、Internet Explorerはそれを利用することはできません。

セッションIDの有効期限

PHPSESSIDクッキーの有効期限は、デフォルトではブラウザが閉じられるまで、となっています。つまり、ブラウザを閉じると、セッションは終了となります。

PHPSESSIDクッキーの有効期限を延長することもできます。延長するには、XAMPPフォルダの中のPHPフォルダにあるphp.iniファイルの該当箇所を変更します。1620行付近に「session.cookie_lifetime=0」という行があり、この「0」の部分が有効期限を表す数値です。秒数で指定すれば、有効期限が延長されます。

Day 3 Lesson 3

プログラムからメールを送信してみよう

このレッスンでは、PHPプログラムを使ってメールを送信する方法を学びます。

1 PHPでメールを送信してみよう
2 FTPソフトをインストールしよう
3 レンタルサーバにアップしてみよう
4 メール送信プログラムを実行してみよう

PHPでメールを送信してみよう

mb_send_mail 関数

PHPプログラムから日本語のメールを送信するには、mb_send_mail 関数を使います。

mb_send_mail 関数の使い方

mb_send_mail 関数の引数には、先頭から順番に、「メールアドレス」「件名」「本文」を指定します。

▼ 構文：mb_send_mail 関数

```
mb_send_mail($to, $subject, $body)
```
- `$to` ← 'メールアドレス'
- `$subject` ← '件名'
- `$body` ← '本文'

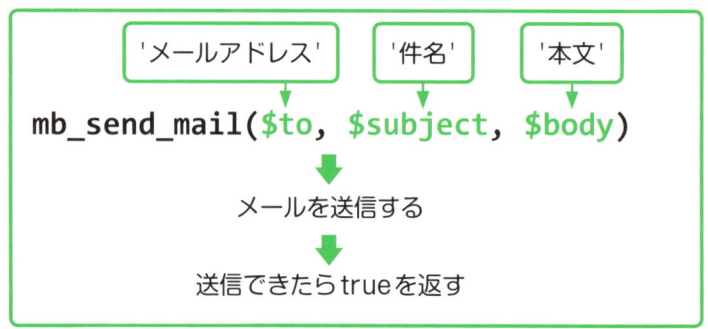

→ メールを送信する
→ 送信できたらtrueを返す

mb_send_mail関数を実行すると、メールを送信し、さらに返り値を出力します。返り値は、送信できた場合はtrue、できなかったらfalseです。

日本語でメールを送信するプログラム

mb_send_mail関数を使って、日本語でメールを送信するスクリプトを書いてみましょう。スクリプトを入力して、以下の要領で保存してください。

ファイル名：mb_send_mail.php
文字コード：UTF-8N

ファイルの種類：.php
保存場所：3daysフォルダ

▼メール送信プログラム（mb_send_mail.php）

```php
1   <!DOCTYPE html>
2   <html lang="ja">
3   <head>
4   <meta charset="utf-8">
5   <title> メール送信 </title>
6   </head>
7   <body>
8   <?php
9   mb_language("Japanese");
10  mb_internal_encoding("UTF-8");
11  
12  $to = 'mail@example.com';
13  $subject = '3日でマスター PHP';
14  $body = '3日目レッスン3のテストメール ';
15  
16  mb_send_mail($to, $subject, $body);
17  ?>
18  </body>
19  </html>
```

9、10行目：メールの日本語が文字化けしないようにする設定
12行目：自分で受信できるメールアドレスを指定してください

　mb_language関数はメールの使用言語を設定する関数、mb_internal_encoding関数はPHPの内部で使用する文字コードを設定する関数です。
　$toには、メールアドレスを文字列として代入します。**自分が受信できるメールアドレスを入れてください。**
　$subjectには、件名を文字列として代入します。
　$bodyには、メール本文を文字列として代入します。

　このプログラムを実行しても、ブラウザには何も表示されません。ちょっと寂しい感じがします。メール送信が成功したとき、失敗したときに、それぞれメッセージが表示されるように、少し改良してみましょう。

Day 3 Lesson 3 プログラムからメールを送信してみよう

送信が成功したかどうかを表示するには？

　mb_send_mail関数は、実行すると返り値を出力します。返り値は、送信できた場合はtrue、できなかったらfalseです。これを利用して、if～else文でメッセージを表示してみましょう。mb_send_mail.phpに色文字部分のスクリプトを追加で入力して、上書き保存してください。

▼メール送信プログラム（mb_send_mail.php）

```php
<!DOCTYPE html>
<html lang="ja">
<head>
<meta charset="utf-8">
<title> メール送信 </title>
</head>
<body>
<?php
mb_language("Japanese");
mb_internal_encoding("UTF-8");

$to = 'mail@example.com';
$subject = '3日でマスター PHP';
$body = '3日目レッスン3のテストメール ';

$result = mb_send_mail($to, $subject, $body);

if ($result) {
  echo 'メールを送信しました ';
} else {
  echo 'メール送信に失敗しました ';
}
?>
</body>
</html>
```

`$to = 'mail@example.com';` 自分で受信できるメールアドレスを指定してください

　13行目で、mb_send_mail関数を実行すると同時に、その返り値を変数$resultに代入しています。15～19行目はif～else文です。$resultに代入された値がtrueなら「メールを送信しました」と出力し、falseなら「メール送信に失敗しました」と出力します。

メールが送信されると
メッセージが表示される

　実際に、プログラムを実行してメールを送信するには、このmb_send_mail.phpをFTPソフトを使って「リモートサーバ（レンタルサーバ）」にアップする必要があります。続くセクションでは、「さくらインターネット」のレンタルサーバ（スタンダードプラン、2週間無料お試し）を使って、実際にサーバにアップする手順を説明します。

COLUMN

レンタルサーバ（有料）

代表的なレンタルサーバには、以下のようなサービスがあります。それぞれのサービスで、使えるディスク容量や機能が異なるプランが複数用意されています。PHPの学習目的であれば、最低限PHPとMySQLが使えるプランをおすすめします。

- ◎さくらのレンタルサーバー
  http://www.sakura.ne.jp/
- ◎ロリポップ！レンタルサーバー
  http://lolipop.jp/
- ◎エックスサーバー
  http://www.xserver.ne.jp/
- ◎ファーストサーバー
  http://www.fsv.jp/
- ◎CPI
  http://www.cpi.ad.jp/

Day 3 Lesson 3 プログラムからメールを送信してみよう

SECTION 2 FFFTP

FTP ソフトを
インストールしよう

レンタルサーバに PHP プログラムをアップするには、FTP ソフトが必要です。本書では無料 FTP ソフトの FFFTP を使います。

FFFTP をダウンロードするには？

　検索サイトで「FFFTP」と検索するなどして、FFFTP (http://sourceforge.jp/projects/ffftp/) にアクセスしてください。

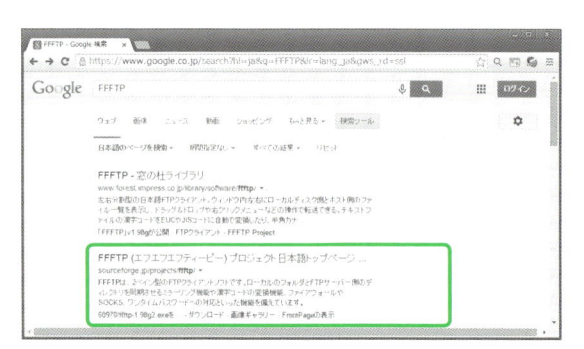

「FFFTP」の検索結果画面

「ffftp-1.98g2.exe」をダウンロード

「ffftp-1.98g2.exe」をダウンロードして、インストールしてください。

3 FTP、アップロード

レンタルサーバに
アップしてみよう

さくらインターネットの例で、サーバにアップする手順を説明します。すでに契約しているレンタルサーバがあればそちらを使ってください。

FTPソフトで接続の設定をする

　レンタルサーバを契約すると、FTPで接続するための情報が送られてきます。さくらのレンタルサーバであれば、「[さくらのレンタルサーバ] 仮登録完了のお知らせ」というタイトルで、以下のような情報が書かれたメールが送られてきます（色文字の部分は人によって異なります。以下の説明ではご自分の情報に読み替えてください）。

```
《 契約サービスの接続情報 》

FTPサーバ名　　　：nowhereman.sakura.ne.jp
FTPアカウント　　：nowhereman
FTP初期フォルダ：www
サーバパスワード：password
```

　この情報を、FTPソフトに入力して、接続します。FFFTPの場合は、上部のメニューから[接続]→[ホストの設定]→[新規ホスト]を選択して、「ホストの設定」画面を表示してください。

【ホストの設定画面の説明】

- 「さくらのレンタルサーバー」と入力
- 「FTPサーバ名」を入力
- サーバパスワードを入力
- 「FTPアカウント」を入力
- 「C:¥xampp¥htdocs¥3days」と入力
- 「www」と入力

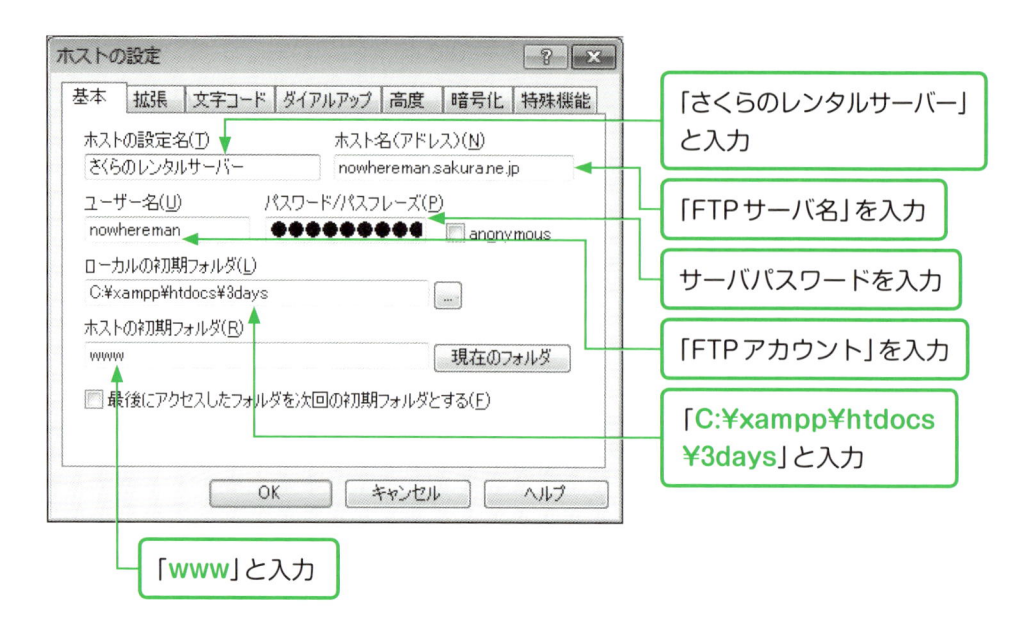

以上の6つの項目を入力したら「OK」をクリックします。

FTP ソフトで PHP プログラムをアップロードする

すると、自動的にサーバに接続され、以下のような画面が表示されます。

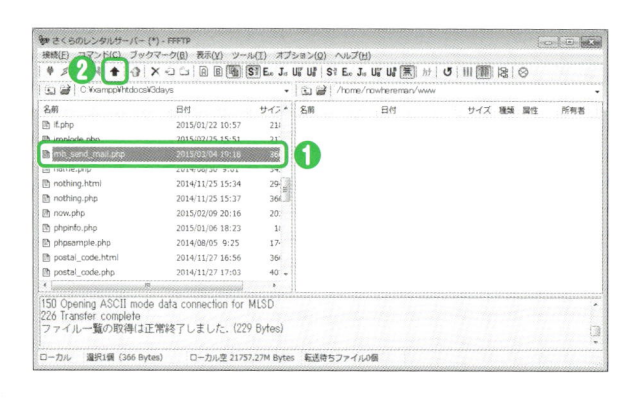

❶ 「mb_send_mail.php」をクリックして選択

❷ 「↑」ボタンをクリック

　左側のウィンドウがパソコンのフォルダ（C:¥xampp¥htdocs¥3days）、右側のウィンドウがレンタルサーバ内のフォルダ（home/FTPアカウント名/www）です。HTMLファイルやPHPファイルは、**左側から右側に**アップロードします。

　左側ウィンドウで「mb_send_mail.php」を選択して、「↑」ボタンをクリックすると、このファイルがサーバの「www」フォルダにアップロードされます。しばらくして、右側ウィ

ンドウに「mb_send_mail.php」が表示されれば転送成功です。

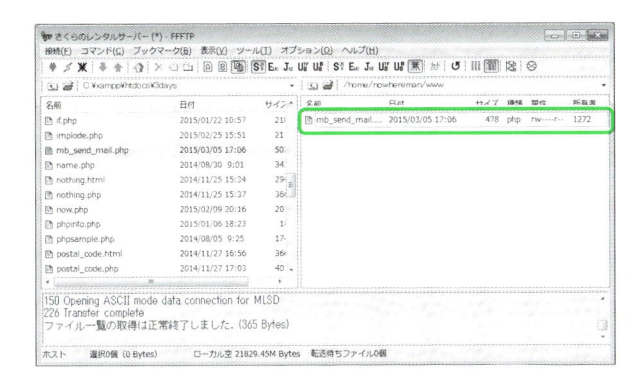

右側のウィンドウに「mb_send_mail.php」が表示される

MEMO

レンタルサーバの申し込み、契約・解約に関しては、サービス会社の契約文書をよくお読みいただいたうえでご判断ください。レンタルサーバを利用して起きたいかなる機器の故障、損害も、ソシムおよび著者は責任を負いかねます。あらかじめご了承ください。さくらのレンタルサーバーの2週間無料お試しは、解約しないと本登録（有料）に移行します。有料契約したくないときは、2週間以内にキャンセルしてください。

Day 3 Lesson 3 プログラムからメールを送信してみよう

4 メールの送受信

メール送信プログラムを実行してみよう

レンタルサーバにアップした mb_send_mail.php を実行してみましょう。ブラウザを起動してください。

ブラウザで PHP プログラムを実行する

ブラウザを起動し、URL 表示欄に

`http://FTPアカウント名.sakura.ne.jp/mb_send_mail.php`

と入力して、Enter キーを押してください。

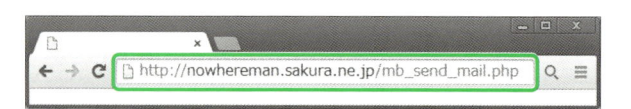

❶ URLを入力

プログラムが実行され、以下のような画面が表示されれば成功です。

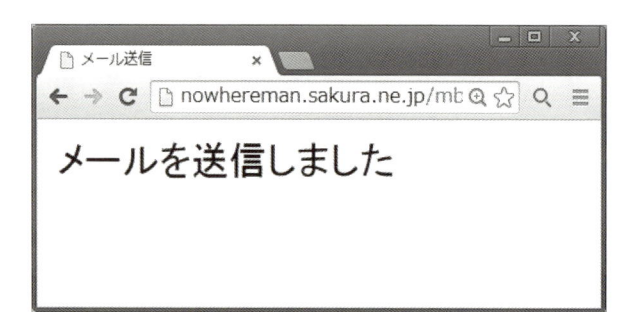

このメッセージが表示されれば成功

MEMO

「FTPアカウント名」の部分には、ご自分のFTPアカウント名を入力してください。さくらのレンタルサーバー以外のサービスをお使いの場合は、このURLでは実行できません。お使いのサービスの説明に従って、適切なURLに読み替えてください。

メールが送信されたか確認する

送られたメールがちゃんと届いているか、自分のメールソフトなどで確認してみてください。以下の画面は、受信したメールをメールソフトで開いた画面です。

```
差出人  User Nowhereman <nowhereman@███████.sakura.ne.jp>
件名   3日でマスターPHP
宛先   ███████ ███████

3日目レッスン3のテストメール
```

メールが届いているか確認

MEMO

メールが受信できていないときは、プログラム内容にミスがないか確認し、以下の手順で再度実行してみてください。

・パソコンの「3days」フォルダに保存しているmb_send_mail.phpを見直す
・間違いがあれば修正して、上書き保存する
・FTPソフトで、レンタルサーバにアップロードする（上書きする）
・ブラウザでURLを入力する
・「http」（正しい）の部分が「https」（間違い）になっていないか確認する
・メールソフトで受信できているか確認する

0 Day 1 Day 2 Day

Day 3 Lesson 4

入力フォーム、確認ページ、メール送信を連携させよう

このレッスンでは、3日間のレッスンの総仕上げとして、これまで学んだテクニックを使って、入力フォームから入力されたデータをメールで送信するプログラムを作ります。

1 入力フォームページを改良しよう
2 確認ページにセッション機能を追加しよう
3 メール送信ページにセッション機能を追加しよう

Day 3 Lesson 4 入力フォーム、確認ページ、メール送信を連携させよう

① 入力フォーム

入力フォームページを改良しよう

2日目の最後に作ったファイルに少し手を加えて、入力フォームページを作りましょう。

入力フォームのページを作成する

2日目Lesson5で作った入力フォーム／確認ページのプログラムに、セッション機能を加え、3日目Lesson3で作ったメール送信のスクリプトを連携させて、

①ユーザにデータを入力してもらい（input.html）
②入力内容の確認ページ（confirm.php）を表示したあと
③メールで送信する（sendmail.php）

というプログラムを作ってみましょう。まず、入力フォームのページにメールアドレス入力欄を追加して、新しい入力フォームページを作ります。

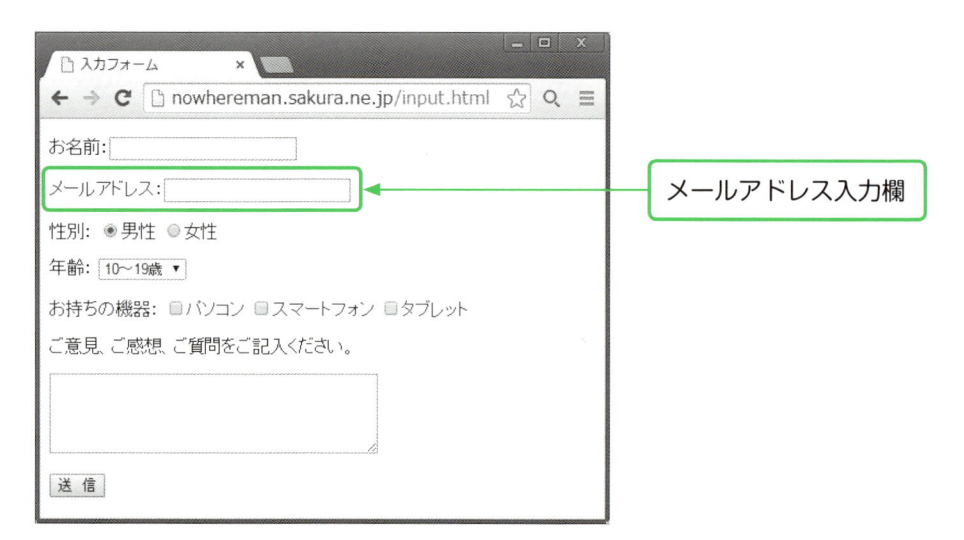

→ メールアドレス入力欄

2日目Lesson5で作ったform.htmlを開いて、色文字の部分を追加・修正し、以下の要領で**新規保存**してください。

ファイル名：input.html
文字コード：UTF-8N
ファイルの種類：.html
保存場所：3daysフォルダ

▼入力フォームページ（input.html）

```
1   <!DOCTYPE html>
2   <html lang="ja">
3   <head>
4   <meta charset="utf-8">
5   <title>入力フォーム</title>
6   </head>
7   <body>
8   <form action="confirm.php" method="POST">
9
10    <p>お名前：<input type="text" name="handle" required></p>
11
12    <p>メールアドレス：<input type="email" name="email" required></p>
13
14    <p>性別：
15      <input type="radio" name="sex" value="male" checked="checked">男性
16      <input type="radio" name="sex" value="female">女性
17    </p>
18
19    <p>年齢：
20    <select name="age">
21      <option value="10+">10～19歳</option>
22      <option value="20+">20～29歳</option>
23      <option value="30+">30～39歳</option>
24      <option value="40+">40～49歳</option>
25      <option value="50+">50～59歳</option>
26      <option value="60+">60歳以上</option>
27    </select>
28    </p>
29
30    <p>お持ちの機器：
```

（12行目：メールアドレス入力欄）

```
31          <input type="checkbox" name="device[]" value="pc">パソコン
32          <input type="checkbox" name="device[]" value="phone">スマートフォン
33          <input type="checkbox" name="device[]" value="tablet">タブレット
34        </p>
35
36        <div>
37          <p>ご意見、ご感想、ご質問をご記入ください。</p>
38          <textarea name="opinion" rows="5" cols="40" required></textarea>
39        </div>
40
41        <p><input type="submit" value="送　信"></p>
42      </form>
43    </body>
44  </html>
```

input.htmlをFFFTPでレンタルサーバにアップしたら、ブラウザでhttp://（FTPアカウント名）.sakura.ne.jp/input.htmlを表示して、入力フォームページがきちんと表示されるか、確認してください。

入力フォームが表示される

2 session_start 関数、$_SESSION

確認ページにセッション機能を追加しよう

セッションが使えるように確認ページを修正し、入力されたデータを $_SESSION に格納する処理を追加しましょう。

送信された値を表示する PHP プログラム

　確認ページも 2 日目 Lesson5 で作りました。form.php を開いて、色文字の部分を追加・修正し、以下の要領で **PHP ファイルとして新規保存**してください。

ファイル名：confirm.php
文字コード：UTF-8N
ファイルの種類：.php
保存場所：3days フォルダ

▼ 入力内容の確認ページ（confirm.php）

```
1  <?php
2  session_start();         ← セッション開始はファイルの先頭に書く
3  ?>
4  <!DOCTYPE html>
5  <html lang="ja">
6  <head>
7  <meta charset="utf-8">
8  <title> 入力内容の確認ページ </title>
9  </head>
10 <body>
11 <?php
12
13 // 名前を表示する
14    echo '<p>名前：' . htmlspecialchars($_POST['handle']) . '</p>';
15
```

```php
// メールアドレスを表示する
  echo '<p>メールアドレス：' . htmlspecialchars($_POST['email']) . '</p>';

// 性別を表示する
  $clean = array();

  switch ($_POST['sex']){
    case 'male':
    case 'female':
      $clean['sex'] = $_POST['sex'];
      break;
    default:
      /* エラー */
      $clean['sex'] = '不正なデータです';
      break;
  }

  echo '<p>性別：' . $clean['sex'] . '</p>';

// 年齢を表示する
  switch ($_POST['age']){
    case '10+':
    case '20+':
    case '30+':
    case '40+':
    case '50+':
    case '60+':
      $clean['age'] = $_POST['age'];
      break;
    default:
      /* エラー */
      $clean['age'] = '入力し直してください';
      break;
  }

  echo '<p>年齢：' . $clean['age'] . '</p>';

// 使用機器を表示する
```

```
54      echo '<p>使用機器の種類：';
55      foreach($_POST['device'] as $value) {
56        echo $value . ', ';
57      }
58
59    // ご感想・ご質問を表示する
60      echo '<p>ご感想・ご質問：' . htmlspecialchars($_
      POST['opinion']) . '</p>';
61
62    //$_SESSIONに入力データを保存する
63    $_SESSION['handle'] = $_POST['handle'];
64    $_SESSION['email'] = $_POST['email'];
65    $_SESSION['sex'] = $_POST['sex'];
66    $_SESSION['age'] = $_POST['age'];
67    $_SESSION['device'] = $_POST['device'];
68    $_SESSION['opinion'] = $_POST['opinion'];
69
70    ?>          ← PHPスクリプト終了タグの位置に注意
71
72    <p><b>この内容で送信してよろしいですか？</b></p>
73    <button onClick="history.back();">修正する</button>
74    <button onClick="location.href='sendmail.php'">送信する</
      button>
75
76    </body>
77    </html>
```

　このページではセッションを使いますので、ファイルの先頭にセッション開始のためのsession_start関数を記述します。

　入力フォームから入力されたデータを表示したあと、入力フォームから入力された値を$_SESSIONに代入しています（62〜68行）。

　[修正する][送信する] のボタンはHTML5のbutton要素で作っています。開始タグの中の、「**onClick="history.back();"**」と「**onClick="location.href='sendmail.php'"**」はJavaScriptのスクリプトで、それぞれ「前のページに戻る」「sendmail.phpに移動する」という意味です。

プログラムを実行する

　confirm.phpをFFFTPでレンタルサーバにアップしたら、ブラウザでhttp://（FTPアカウント名）.sakura.ne.jp/input.htmlを表示し、データを入力して送信してみてください。confirm.phpで送信した内容が表示されれば成功です。

input.htmlで入力して[送信]をクリック

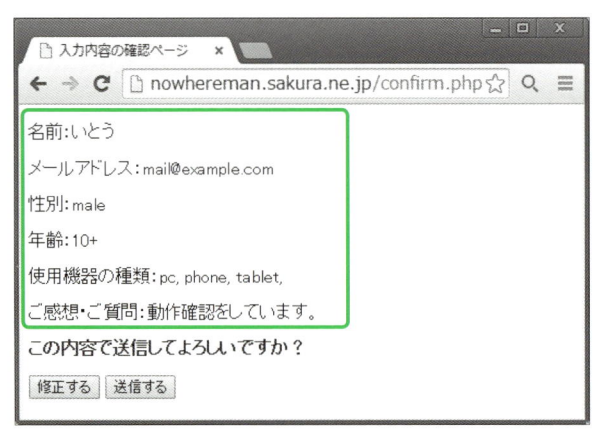

confirm.phpに入力した内容が表示されればOK

MEMO

ダウンロード用サンプルプログラム（p.6）には、ラジオボタンやチェックボックスのチェックが0のときでもエラーが出ないような処理を加えてあります。興味のある方はご確認ください。

3 session_start 関数、$_SESSION

メール送信ページにセッション機能を追加しよう

最後に、入力されたデータをメールで送信するページを作ります。送信内容に $_SESSION を含めます。

送信された値を表示する PHP プログラム

　メール送信ページは3日目Lesson3で作りました。mb_send_mail.phpを開いて、色文字の部分を追加・修正し、以下の要領で**PHPファイルとして新規保存**してください。

ファイル名：**sendmail.php**
文字コード：UTF-8N
ファイルの種類：.php
保存場所：3daysフォルダ

▼メール送信ページ（sendmail.php）

```php
<?php
session_start();
?>
<!DOCTYPE html>
<html lang="ja">
<head>
<meta charset="utf-8">
<title>メール送信</title>
</head>
<body>
<?php
mb_language("Japanese");
mb_internal_encoding("UTF-8");

$to = 'mail@example.com';
$subject = '入力フォームからの送信';
```

セッション開始はファイルの先頭に書く

自分で受信できるメールアドレスを指定してください

```
17  $body =
18    '名前:' . $_SESSION['handle'] . "\n" .
19    'メールアドレス:' . $_SESSION['email'] . "\n" .
20    '性別:' . $_SESSION['sex'] . "\n" .
21    '年齢:' . $_SESSION['age'] . "\n" .
22    '機器:' . implode(',', $_SESSION['device']) . "\n" .
23    '感想他:' . $_SESSION['opinion'] . "\n";
24
25  $result = mb_send_mail($to, $subject, $body);
26
27  if ($result) {
28    echo 'メールを送信しました';
29  } else {
30    echo 'メール送信に失敗しました';
31  }
32  session_destroy();
33  ?>
34  </body>
35  </html>
```

（17〜23行目：メール本文になる部分）

このページでもセッションを使いますので、ファイルの先頭にセッション開始のためのsession_start関数を記述します。

入力されたデータは、すべて文字列として変数$bodyに代入します。「名前」などの見出し、$_SESSION、改行を表す"\n"を結合演算子で連結しています。

COLUMN

session_destroy 関数

32行目に追加したのは、**session_destroy関数**というものです。これはセッションに登録されたデータをすべて破棄する関数で、データが悪用されるのを防ぐ、念のための処理です。セッションの処理がすべて終わったら、セッションの終了をユーザ任せにするのではなく、session_destroy関数で破棄するようにしておくと、より安全性が高まります。

プログラムを実行する

sendmail.phpをFFFTPでレンタルサーバにアップしたら、ブラウザでhttp://（FTPアカウント名）.sakura.ne.jp/input.htmlを表示し、データを入力して送信してみてください。確認ページ（confirm.php）が表示されます。

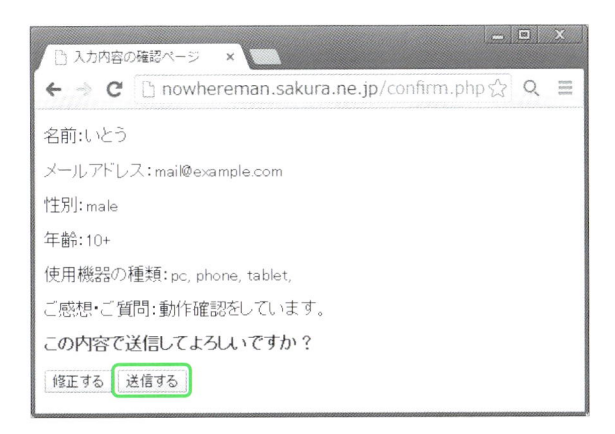

> confirm.phpで「送信する」をクリック

confirm.phpで［送信する］をクリックするとメールが送信されます。

> メールが送信された画面

送られたメールがちゃんと届いているか、自分のメールソフトなどで確認してみてください。以下の画面は、受信したメールをメールソフトで開いた画面です。メールが受信できていれば、プログラムは完成です。

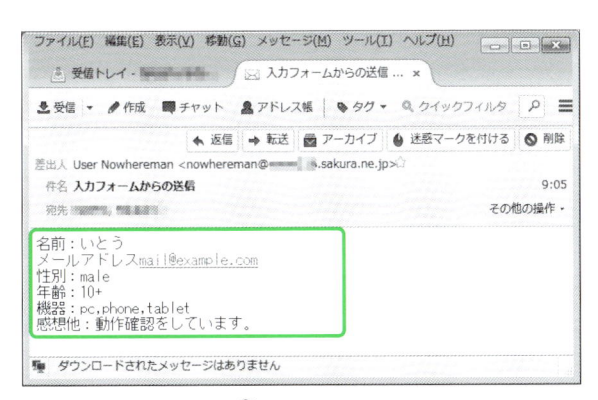

> 受信したメール

索引

●記号・数字
- $_COOKIE ·············· 162
- $_GET ················ 110
- $_POST ··········· 132, 134
- $_SESSION ···· 173, 175, 178
- $key ················· 142
- $value ················ 140
- .htm ·················· 26
- .html ················· 26
- .php ·················· 26
- [ ] ··················· 68
- { } ··················· 60
- ¥' ··················· 53
- ¥" ··················· 54
- ¥$ ··················· 54
- ¥¥ ················ 53, 54
- ¥n ··················· 54
- ¥t ··················· 54
- <?php ～ ?> ············ 34

●A
- action 属性 ············ 106
- Apache ················ 16
- array() ················ 69

●B
- body 要素 ············· 43
- break ················· 82
- button ················ 105

●C
- case ·················· 82
- checkbox ············· 136
- checked 属性 ·········· 122
- cols 属性 ············· 131

●D
- date_default_timezone_set 関数 ················· 40
- date 関数 ·············· 35
- default ··············· 82
- define 関数 ············ 61
- do ～ while 文 ·········· 96
- DOCTYPE 宣言 ·········· 43

●E
- echo ·················· 34

●E (cont.)
- ENT_QUOTES ·········· 114
- EUC-JP ··············· 44

●F
- FALSE ················ 54
- FFFTP ··············· 188
- foreach 文 ········ 138, 140
- form 要素 ············· 106
- for 文 ················· 93
- FTP ················· 188

●G
- GET メソッド ······ 107, 133

●H
- h1 要素 ··············· 43
- head 要素 ············· 43
- history.back() ········· 201
- htdocs ················ 23
- htmlspecialchars 関数 ··· 112
- HTML エンティティ ····· 112
- html 要素 ············· 43

●I
- if ～ elseif ～ else 文 ····· 80
- if ～ else 文 ············ 78
- if 文 ·················· 76
- implode 関数 ·········· 144
- input 要素 ············ 104
- isset 関数 ············· 170

●L
- LF ················ 31, 32
- localhost ·············· 23
- location.href ·········· 201

●M
- mb_internal_encoding 関数 ···················· 185
- mb_language 関数 ····· 185
- mb_send_mail 関数 ···· 184
- meta 要素 ············· 43
- method 属性 ·········· 107

●N
- name 属性 ············ 104
- NULL ·············· 52, 61

●O
- onClick ·············· 201
- option 要素 ··········· 127

●P
- PHPSESSID ·········· 181
- PHP インタプリタ ······· 22
- POST メソッド ··· 107, 133
- pre タグ ··············· 64

●R
- radio ················ 118
- required 属性 ····· 122, 146
- rows 属性 ············ 131

●S
- Safari ················ 179
- select 要素 ··········· 127
- session_destroy 関数 ··· 204
- session_start 関数 ····· 173
- setcookie 関数 ········ 156
- SHIFT-JIS ············· 44
- switch 文 ·············· 82

●T
- Terapad ··············· 14
- text ················· 104
- textarea 要素 ········· 130
- title 要素 ·············· 43
- TRUE ················ 54
- type 属性 ············· 104

●U
- URL エンコード ······· 134
- UTF-8 ················ 44
- UTF-8N ············ 31, 32

●V
- value 属性 ············ 105
- var_dump 関数 ········· 62

●W
- while 文 ··············· 88

●X
- XAMPP ··············· 16
- XSS 脆弱性 ··········· 111

● あ
値 …………… 66, 133

● い
インクリメント演算子 … 99
インデックス配列 ……… 66

● え
エスケープシーケンス … 53

● お
オブジェクト ……………… 52

● か
カウンタ …………………… 90
返り値 ……………………… 35
拡張子 ……………………… 26
角ブラケット ……………… 68
型 …………………………… 52

● き
キー ………………………… 66
行コメント ………………… 51

● く
空白 ………………………… 30
クエリ文字列 …………… 133
クッキー ………………… 154
クッキーの有効期限 …… 165
繰り返し文 …………… 48, 87
クロスサイトスクリプティング
……………………………… 111

● け
結合演算子 ……………… 115

● こ
コメント …………………… 51

● さ
サーバ ……………………… 16
再読み込み ………………… 39
サニタイズ ……………… 114

● し
条件式 ……………………… 84
条件文 ………………… 47, 75

条件分岐 …………………… 47
シングルクォート ……… 53

● す
スーパーグローバル配列
…………………… 110, 162

● せ
制御文 ……………………… 47
整数 ………………………… 52
静的なページ ……………… 34
セッション ……………… 172
セッションID …………… 182
セレクトボックス ……… 126

● そ
送信ボタン ……………… 105

● た
代数演算子 ………………… 86
代入演算子 ………………… 58
ダブルクォート ………… 53

● ち
チェックボックス ……… 136

● て
定数 ………………………… 61
テキストエディタ ……… 14
テキストエリア ………… 130
テキストボックス ……… 103
デクリメント演算子 …… 99
展開 ………………………… 59

● と
動的なページ ……………… 33

● な
波カッコ …………………… 60

● に
2次元配列 ………………… 72
入力フォーム …………… 102

● は
配列 …………………… 52, 66
パラメータ名 …… 104, 133

反復文 ……………………… 48

● ひ
引数 ………………………… 35

● ふ
浮動小数点数 ……………… 53
ブロックコメント ……… 51
文 …………………………… 46

● へ
変数 ………………………… 56

● ほ
ホワイトリスト ………… 123

● む
無限ループ ………………… 92

● も
文字実体参照 …………… 112
文字化け …………………… 44
文字列 ……………………… 53
戻り値 ……………………… 35

● よ
要素 ………………………… 66

● ら
ラジオボタン …………… 118

● り
リソース …………………… 52
リモートホスト …………… 21
リロード …………………… 39

● れ
連想配列 …………………… 66

● ろ
ローカルホスト …………… 21
論理値 ……………………… 54

207

ブック・キャラクターデザイン　坂本 真一郎（クオルデザイン）
本文 DTP・イラスト作成　西嶋 正
編集協力　内藤 貴志

著者紹介　伊藤 静香
　　　　　テクニカルライター。
　　　　　著書に『1週間で基本情報技術者の基礎が学べる本』
　　　　　『アルゴリズムを、はじめよう』『3日でマスター JavaScript』がある。

3日でマスター PHP

2015年4月24日　初版第1刷発行

著　者　伊藤 静香
発行人　片柳 秀夫
編集人　佐藤 英一
発行所　ソシム株式会社
　　　　http://www.socym.co.jp/
　　　　〒101-0064 東京都千代田区猿楽町1-5-15
　　　　猿楽町SSビル
　　　　TEL　03-5217-2400（代表）
　　　　FAX　03-5217-2420
印刷・製本　中央精版印刷株式会社

定価はカバーに表示してあります。
落丁・乱丁は弊社編集部までお送りください。送料弊社負担にてお取り替えいたします。

ISBN978-4-88337-966-8　Printed in JAPAN
©2015 ITO Shizuka. All rights reserved.

●本書の一部または全部について、個人で使用するほかは、著作権上、著者および
　ソシム株式会社の承諾を得ずに無断で複写／複製することは禁じられております。
●本書の内容の運用によって、いかなる障害が生じても、ソシム株式会社、著者の
　いずれも責任を負いかねますのであらかじめご了承ください。
●本書の内容に関して、ご質問やご意見などがございましたら、書籍名、該当のペー
　ジ番号を明記の上、上記のソシムのWebサイトの「お問い合わせ」よりご連絡く
　ださい。なお、電話によるお問い合わせ、本書の内容を超えたご質問には応じら
　れませんのでご了承ください。